從策略管理到
創新實踐
引領市場潮流

突破

行銷
策略的
同質化

共鳴策略，透過意象觸動，
引導消費者情感，建立品牌忠誠度

從品牌行銷的原力到誘因，全面解析行銷策略的核心要素

以系統思維進行最有效率的品牌行銷管理
剖析消費者心理、文化背景和購買動機
建立與消費者產生共鳴的品牌故事和購買動力
從市場調查到整合行銷傳播，執行最有效的行銷策略

劉述文 著

目錄

目錄

前言

問渠那得清如許？

為有源頭活水來。

—— 朱熹

　　無論你是企業經營者還是管理者，還是策劃人，相信都會對品牌與行銷的觀念有了不同的認知和理解，從最早的 CIS 理論（企業識別系統）、到行銷 4P 理論（產品、價格、通路、促銷）、4C 理論（客戶、成本、便利、溝通），再到定位理論、IMC 理論（整合行銷傳播理論），這些行銷理論指導了諸多品牌的行銷實戰，並取得了不菲的成績。

　　毋庸置疑，行銷理論是企業「不戰而勝」的品牌營運之道，不僅是企業角逐市場的競爭武器，還是建立品牌的護城河。然而，你會發現，隨著品牌與行銷方法的普及，如今大家不僅對很多知名的行銷理論熟記於心，還大量應用於行銷實踐。此時，你所提出的行銷方案像你的產品一樣，陷於同質化的尷尬處境，於是在你看來非常有競爭力的行銷方案，在激烈的市場競爭裡，其效用價值微乎其微，瞬間淹沒在紅海的競爭市場裡。

　　不僅是你，實踐中絕大多數的品牌管理者、行銷人等從

前言

業者都陷於這個困局 —— 同質化的行銷方案。你會驚訝地感嘆，一個注重創意的時代已經到來，無論你的行銷方案使用了什麼理論，歸根究柢要有創意，沒有創意，無論你的行銷理論再好，你的行銷方案再好，也實現不了品牌的目標，到達不了行銷策略的目的地。

創意是讓同質化的行銷方案差異化的過程，也是行銷方案取得策略突破的唯一出路。一個好策略方案，需要行之有效的出奇創意。

時代瞬息萬變，市場在變，競爭在變，傳播環境在變，消費者也在變。或許，你又面臨一個新困惑：面對突如其來的變化，創意也眼花撩亂，該如何才能讓行銷方案脫穎而出？

先要判斷創意的好壞，這就是本書所要回答的問題。為你找到影響創意的核心因素，為你的系統梳理出一個產出創意的好方法。這個方法就是品牌行銷原力，有了這個方法我們就找到了創意的「活水」，如題「問渠那得清如許？為有源頭活水來。」

品牌寄生在人類文化主體意識中，品牌創意自然離不開對人性的研究。一個不爭的事實是，不管時代如何變遷，千百年來人性不會變。人性不變則品牌創意的本質就不會變。品牌創意的原點就在於對人性的理解上，藏在於人類大

腦的集體潛意識裡，找到品牌創意的開關 —— 品牌行銷原力（下稱原力）。

創意就是發現原力、喚醒原力，將原力嫁接到行銷策略中的轉換過程。關於什麼是好創意，你可以透過以下方式來判斷品牌創意水準的高低。

三流的創意：天馬行空，花樣多，並無實際效果

二流的創意：有新意，吸引目光，效果並不明顯

一流的創意：嫁接品牌行銷原力，讓消費者產生行動

創意要追求簡單，不能將其複雜化，也無需複雜。好的創意都是顯而易見的，與人們潛意識中的常識共鳴。原力是創意的魂，找到了嫁接的原力，就找到了創意的方向，因此，你要不斷提醒自己創意先要找到原力，你再去建立購買理由、創建購買指令、規劃購買刺激等一籃子工作。

原力越大，購買理由越有說服力

原力越大，購買指令越強

原力越大，購買刺激愈大

原力越大，行銷力越強

購買理由定位之前 —— 你的原力是什麼？

購買指令創建之前 —— 你的原力是什麼？

購買刺激規劃之前 —— 你的原力是什麼？

品牌行銷原力來自人類大腦的自動化思維系統的潛意

識，為你的品牌賦予強大的創意能量，讓你的創意有方向、更精準。當創意將原力提煉為購買理由、購買指令、購買刺激，你的行銷策略也變得具有競爭優勢，而且更為有效。

在激烈的競爭時代，消費者心智品牌廝殺的終極戰場，若你的品牌沒有成功進入顧客心智那就意味著難以獲得生存空間。在這場認知之戰中，你想讓你的行銷傳播打法變得越來越可行有效，就需要藉助原力。

本書從十二字品牌魔咒——「購買理由、購買指令、購買刺激」，三個步驟為你分享如何找到原力，做創意。

第一步是建立購買理由：即確立你的品牌為消費者提供的差異化價值，從「動機原力」來建立購買理由。這個環節，需要注意的是要以產品為基礎，同時從洞察目標消費者，獲得消費者動機原力，找到購買理由定位，然後根據定位建立購買理由。購買理由除了核心理由，也可以由其他理由要素組成。

第二步是創建購買指令：即在這一步要遵循購買理由，用「文化原力」來創建購買指令。需要提醒的是，購買指令要注意「少則多，少則得」的原則、保持文化元素（文化原力）的單純性，簡而言之就是你的創意表達要聚焦到核心要素上，讓創意像刀片一樣鋒利。

第三步是規劃購買刺激：即發揮「誘因原力」從「訊

息、媒體、行動」三大方面開展的整合行銷傳播。購買刺激根據條件反射原理將購買理由、購買指令形成「有策略、有秩序、有結構」的策略部署，刺激消費者內心，「誘惑」消費者購買。在媒體碎片化、訊息爆炸的時代，整合行銷思維變得越來越重要。

第一章　創意源自於原力

「故善戰者，求之於勢，不責於人，故能擇人而任勢。任勢者，其戰人也，如轉木石。木石之性，安則靜，危則動，方則止，圓則行。故善戰人之勢，如轉圓石於千仞之山者，勢也。」

—— 孫子兵法

孫子兵法這段話的意思是教會我們利用好「勢」，善戰者追求形成有利的「勢」，有了這個勢力，即便是木頭和石頭也能成為凶猛的武器。這裡的「勢」其實就是「原力」。某種意義上，「原力」與「勢」都具有同樣的力量。將超級武器 ——「原力」嫁接到品牌創意，就可以賦予無與倫比的創意勢能，成為了品牌行銷創意原力，就得到了最有能量、最有效的創意超級能量。

什麼是品牌原力？

1. 新經濟時期，如何突破行銷策略的同質化

世界工商業的發展，促使行銷界的鉅變。各種行銷理論陸續登上歷史舞台：行銷理論（4P 到 4C、4V、4I 等）發生了多次交替變更。同時，廣告創意也從戲劇性理論（李奧貝納（Leo Burnett）創立）、獨特銷售主張（羅瑟・瑞夫斯（Rosser Reeves）創立）、品牌形象論（大衛・奧格威（David Ogilvy）創立）、ROI 理論（廣告大師威廉・伯恩巴克（William Bernbach）創立的 DDB 廣告公司制定）、定位理論（艾爾・賴茲（Al Ries）和傑克・屈特（Jack Trout）提出）等理論逐步演變，為一代又一代人的創意思維注入能量。

在行銷理論策略框架下，你會發現行銷要素很容易被競爭者效仿，無論如何調整策略，你與競爭對手的思路其實都相差不大，你用這個理論，人家也用這個理論，當行銷策略趨於同質化，唯有創意才能活化行銷，為其差異化賦能。

無論我們如何定義行銷，最終都要回歸到行銷傳播上，回歸到與消費者溝通上。

　　媒介與內容是行銷傳播的硬幣兩面。媒介作為傳播管道，是一種訊息載體工具，而傳播內容是真正能夠讓你發揮創意的地方，因此，行銷傳播的終極對決取決於你對傳播內容的差異化策劃和創意。

　　時代瞬息萬變，數位化時代帶來了傳播媒介的多元化、多樣化、碎片化甚至粉末化，注意力成為稀缺的爭奪資源，行銷似乎變得更麻煩了。當然，無論是傳統媒體，還是網路媒體、行動網路媒體，在企業爭奪消費者的道路上，成功的行銷在於卓越的內容創意。

　　那麼，有沒有一種創意內容規律可尋，可以快速為創意賦能，吸引成千上萬消費者的注意力，無論是一個成長品牌或者一個全新的品牌，讓消費者很快就能認識它、記住它、熟悉它、愛上它，並毫不猶豫地一而再、再而三地選擇它？

　　有，這個創意方法就是透過啟用消費者內在的力量，嫁接品牌行銷原力。

　　同時，學會了這個創意方法，你就找到了解決問題的辦法。無論你從事什麼產業，你都能知道如何精準地產生創意，用創意引爆品牌行銷，為落實行銷策略提供了一個新視角。

2. 什麼是品牌行銷原力？

小時候，我的家鄉有一條小河，小河旁邊修繕了一條小水渠，每當旱季來臨，鎮民們就將河水引到小水渠，小水渠連接一架木製水車，藉助水力帶動了一個磨坊，在這種低效率的操作方式下，水力除了一小部分被利用之外，其他的都浪費了。後來鎮上研究水力技術的專家，以現代技術開發那條河的水能，在上游建立了十幾公尺高的水壩，並建置了發電機。現在，同樣的水能，不僅為水渠引流更多的水帶動了一個榨油廠，還可以用於發電，解決鎮民照明的問題。

「力」是一個富有神奇能量的詞，萬事萬物都因「力」而存在。自宇宙大爆炸以來，因為「力」的緣故，有了星球運動，有了地球的自轉、公轉。同時，地球上的萬事萬物也受萬有引「力」的牽引。

當我看到被浪費的行銷傳播資源時，我想起了家鄉的那條小河。巨大的潛能卻只被用來推動一個磨坊，而經過創意發想之後，用同樣的能量卻收到了數十倍、上百倍的效益。

其實，與宇宙、大自然受力的作用一樣，品牌行銷也存在一種力，一種看不見、摸不到，但是可以驅動品牌行銷決策的神祕力量，我們將其稱之為「原力」。「原力」指本原的力量、原始的力量、最強大的力量。借用《星際大戰：原力覺醒》電影中的「原力」這個詞，影片詮釋了「原力」的

能量，絕地武士使用的力量，是宇宙的原力，雖然無形，則威力無比，成為絕地武士的超級武器。

在古代就有形容原力的文句，《孫子兵法》說：「激水之疾，至於漂石者，勢也。」湍急的流水，飛快地奔流，以致能沖走巨石，這裡的勢的其實就是「原力」。某種意義上，「原力」與「勢」都具有同樣的力量。

將超級武器——「原力」嫁接到品牌行銷創意，賦予品牌行銷無與倫比的創意勢能，成為了品牌行銷原力，就得到了最有能量、最有效的創意超級能量。

品牌行銷原力就是喚醒蘊藏在消費者大腦潛意識的潛在力量，它賦予最強大的品牌行銷創意能量，創建出讓消費者認知它、認同它、順從它的購買理由、購買指令、購買刺激，讓消費者採取快速選購行動。

一句話，品牌行銷原力就是發動人們的集體潛意識。

品牌行銷原力始於「自動化思維系統」的潛意識思維。如果說，品牌是驅動人類行為乃至整個社會體系運轉的一種力量。而人類潛意識思維，更進一步說，人們的集體潛意識就是驅動品牌的無形力量。

我們複雜的有意識思維系統能夠學習新任務，而自動化潛意識的系統則會執行內在的、習慣性的或那些經過持續重複後已經極為熟練的已知任務，並成為集體潛意識。

第一章　創意源自於原力

集體潛意識源自於佛洛伊德與榮格（Carl Jung）的發現。在心理學發展歷程上，佛洛伊德是研究潛意識最知名的人物，雖然他不是最先創造這個概念的人（此前萊布尼茲（Gottfried Leibniz）等人提出過類似概念），但他是理論與臨床方面研究潛意識的大師。如今，潛意識這個概念在現代心理學中占據重要位置。

榮格在佛洛伊德的基礎之上，承上啟下，提出了人格結構理論，把人格（人的精神世界、心靈）分為三個層次：意識、個人潛意識和集體潛意識。意識居於人格結構中的表層，「完全是對外部世界的知覺和定位的產物」，同時，它又是從潛意識系統中呈現出來的，人類「天性的最重要的功能是潛意識，而意識不過是它的產物」。

集體潛意識，就是「並非由個人獲得而是由遺傳所保留下來的普遍性精神機能，即由遺傳的腦結構所產生的內容」。潛意識是意識的一種狀態，指人們在不知不覺中意識到一些事物，或者在長期的行為中對原來已經處於意識中的事物逐漸習慣化了，不是處於清楚的意識中。總結來說，潛意識影響我們的決策行為、尤其是購買行為。

例如，你每天經過一個餐廳不一定會留心餐廳的招牌，但是如果別人描述餐廳招牌的樣子，你的頭腦中模模糊糊地有那麼一點印象，好像在哪裡見過，但又確實說不明白，這

種印象其實就是潛意識狀態的表現。

　　那麼，品牌行銷原力是如何發生作用的？為什麼是發動人們的潛意識，而不是意識？

　　根據《潛意識心理學》（*Psychology of the Unconscious*）一書的「冰山理論」這樣解釋：「潛意識就是水下面的部分，意識就是水上面的部分，潛意識裡面蘊藏著我們百分之九十九的精神活動，也就是說我們的絕大部分感受和行為是受潛意識驅使的。」

　　原力創建要做的就是讓大家透過知覺、感受洞見自己的潛意識，用創意將潛意識被意識化，這個冰山露出水面的就相應的多，你自己能真正做主的也就多，這樣你的選擇性糾結就會變少，原力創建就是解決這個問題。（如圖 1-2）

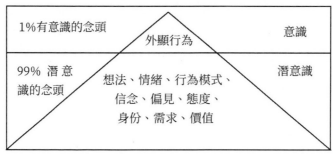

圖 1-2 冰山理論

　　例如，你在做購買決定的時候，面對眼前琳瑯滿目的同質化商品，你會很糾結，到底是選甲，還是選乙，還是選

丙，你陷於選擇性迷茫，這其實就是被潛意識給控制了，就是潛意識和意識沒有統一所致，當品牌的行銷傳播（產品設計、商品包裝、廣告或者活動等）啟用了你的潛意識，這樣類似的「選擇迷茫」就會很自然的減少了，你就會不知不覺的選擇某品牌。

這就是品牌行銷原力 —— 讓你不知不覺的選擇某品牌商品。

品牌行銷原力作用於消費者大腦。人們腦子裡裝的並不是活生生完整事物的影像，而是基於已有知識概念化了的假設，並形成習慣思維。

品牌行銷是價值交換、交易的行為，品牌原力不僅是你對消費者要做的調查，還必須將調查轉換為創意，透過創意啟用消費者大腦的集體潛意識，觸發他們做決策。

這裡總結一下，品牌行銷原力透過創意嫁接原力，啟用消費者大腦的集體潛意識，觸發他們做決策行動。它是讓創意變的更簡單、讓品牌行銷變的更容易的潛在力量。

3. 為什麼要找到品牌行銷原力

（1）因為，品牌行銷原力是創意的觸發按鈕。

品牌行銷需要一個購買決策的觸發按鈕，例如在某時某刻，有些念頭會更容易從你的腦海中迸出，這些東西是習慣

性的隨時都會想到的。當你選擇一個品牌，其實就是選擇了一種強烈的觸發，而觸發的源頭，就是藏在你既有心智空間中的、提醒你相關概念、想法、經驗的「東西」。

這裡的「東西」就是觸發按鈕。品牌行銷原力作為觸發按鈕的創意開關，就是找到創意的關鍵點。那麼，品牌行銷原力作為觸發按鈕為什麼有著如此大的作用？

要回答這個問題，首先你要看看商品是如何銷售的，通常而言商品銷售有兩個通路，一條是物理通路，即透過賣場、商城、店鋪等通路讓消費者「購得到」商品；一條是心理通路，即透過廣告、活動等傳播，讓消費者「觸發到」商品的理念、價值觀、情感。品牌所做的工作就是要完成行銷的心理感知——感知攻略。

創新思維之父愛德華·狄波諾（Edward de Bono）認為：「感知會影響情緒，而情緒會影響行動。」因此，無論你是在商場上看到某商品，還是在廣告上看見某品牌，其品牌的實質是做感知攻略，而品牌行銷原力就是讓你感知品牌的那個觸發按鈕。

品牌感知是品牌行銷創意概念透過感覺器官在人腦中的直接反映。品牌是以某些方式將滿足同樣需求的其他產品或服務區別開來的產品或服務，這些心理認知的差別展現聚焦到品牌核心詞彙上。比如：「性感」是瑪麗蓮夢露個人感知

的觸發按鈕；「優雅」是奧黛麗赫本個人感知的觸發按鈕；「叛逆狂野」是女神卡卡 Lady Gaga 的觸發按鈕。

再比如，四驅越野車與家用轎車的功能有所不同，它們也可能展現在象徵性、感性或無形性方面的觸發按鈕，比如賓士代表「尊貴座駕」、寶馬代表「駕駛樂趣」。

品牌行銷原力就是以上這些創意的觸發按鈕。

所以，品牌行銷原力的觸發按鈕一直都存在於消費者的大腦中，如同思想一般，扎根在文化主體意識裡，是時間的累積和沉澱；但觸發就如同星星之火，點燃之後燃燒的正是消費者的欲望之火，驅動著他們購買的熱情以及對品牌的追求。

（2）因為，品牌行銷原力直達消費者的潛意識！

新媒體時代資訊的海洋裡，在提供消費者有價值的資訊時，作為品牌商，你必須圍繞消費者的「觸發」出發，給出更精準的解決方案，因為他們沒有時間聽你說和他不相關的。

以前你總是關注你的商品賣什麼？從賣什麼去找商品的差異化，找到商品的獨特銷售賣點（簡稱 USP），哪怕沒有意義的差異化，也是有意義的，沒錯，該理論提出者羅瑟・瑞夫斯也是這麼認為的，這其實是以商品為中心的思考方式。

在行銷傳播中，你需要找到消費者購買商品的買點 ——觸發按鈕，倘若品牌不能從消費者身上找到和商品相關的觸

發點，那麼無論你如何大聲的吆喝，他們都只會對你形同陌路。

在同質化時代，以消費者為中心，從他們的角度出發，找到所購買商品的理由，也就是洞察他們要買什麼？因為對於他們而言，你所看重的不重要，他們看重的才最重要。

因此，你更多的是要表達出「他們購買你品牌的理由是什麼」。

消費者往往是感性的（儘管有人認為自己很理性），他們的行為是有著某種潛意識的慣性，對想買什麼？要買什麼？喜歡趨從於以往的感覺或者經驗而來判斷當下的選擇；時間累積的經驗將直接指導我們的每一次抉擇；因此，不要企圖式教育或者改變消費者，要迎合消費者，洞察到消費者買什麼？

成功的品牌往往是喚起消費者那顆想買的心，喚醒一種潛意識的欲望，使他們在人生旅途中感受到溫暖。他們要快樂，一瓶水就賣快樂；他們要熱情，一瓶飲料就賣熱情；他們要友情，一瓶酒就賣友情；他們有「美」夢，一盒化妝品就賣美夢；他們要尊貴，一輛轎車就賣尊貴……

（3）因為，品牌行銷原力找到消費者的共鳴點。

據美國廣告市場調查顯示：「百分之三十六的廣告浪費是由於廣告主對市場的認知和想法是錯誤的；百分之三十一

是因為廣告代理公司的創意失敗了；百分之八十三的原因在於廣告媒介的選擇可能是錯誤的，而百分之百的原因在於消費者覺得你的廣告和自身無關。」

　　品牌，尤其是新品牌，在和消費者建立連繫的時候，你的廣告必須和他們有關。即能洞察到共鳴點，才能在品牌曝光時刻，造成一見鍾情的感覺。

　　品牌的創意按鈕就在大腦裡，你要在消費者大腦裡找到與商品的共鳴點。

　　前文有提到，影響我們當下行動的是我們的潛意識（自動化潛意識思維），它會執行內在的、習慣性的或那些經過持續重複後已經極為熟練的已知任務。這個共鳴點就在消費者熟練的已知任務中。那麼這個共鳴點在哪裡？

　　首先，我們要啟用的潛意識是消費者的需要與欲望。

　　馬斯洛「需求理論」（動機原力後面章節會詳解）告訴我們，基於物理功能的需要是有限的，而基於情感心靈的想要和欲望是無限的。需求包括需要和想要，需要是滿足物理功能需求，想要則是滿足情感欲望。這也是為什麼名牌、精品等商品在市場依然火爆，就是因為消費者買的是欲望。

　　其次，我們要破解的潛意識是消費者的文化基因。

　　強勢文化創造強勢民族，強勢文化造就強勢品牌。品牌作為溝通的文化符號，寄生在文化主體意識裡。品牌運作

的核心是抓住文化勢能（文化原力），它能在更高的思維空間破解人類的靈魂密碼。品牌寄生在其所在的文化主體意識裡，例如男前豆腐寄生在日本的文化主體意識裡；泡菜寄生在韓國的文化主體意識裡。

國外紅酒為什麼在亞洲賣不贏白酒？原因就是文化基因在於亞洲的酒桌文化，消費者對白酒有長期的認可度，消費者的內心就會發出一句：是啊！我要的就是這股味道，這就是我需要的感覺！好像期待已久的渴望，被瞬間滿足了。

最後，我們要破解的潛意識是條件反射的共鳴點，條件反射原理告訴我們，購買刺激可以強化記憶，創造購買行為。把握訊號刺激原理，我們伺機要發起品牌的整合行銷行動。

當然，為了找到消費者的共鳴思維，你不得不研究他們的生長環境、生長經歷、文化程度……若能洞察出能夠引發共鳴的「常識」，你就能在第一時間引發消費者的共識。

總之，創意按鈕是將品牌和消費者連繫在一起的「橋樑」，按鈕介於左腦認知和右腦認知的核心地帶，也是能夠和消費者產生共鳴的基礎所在，找到了這個品牌行銷原力按鈕，也就找到了行銷的根、創意的魂。

4. 品牌行銷原力的原理基礎是什麼

無論是生活還是工作，我們常常善於理性思考與邏輯推理，我們相信，我們的記憶是準確的，我們可以毫無偏見地觀察任何事物，始終會得出深思熟慮的客觀決定。

可是，科學研究顯示，我們想的和做的很多事情都與理性、邏輯、有意識的思想無關，而與情感、情緒、潛意識相關。

從卡佳‧布列塞特女士曾寫過一篇名叫〈揭開隱祕的心靈世界〉的文章，可以知道關於人類心靈如何運作的問題，她引用了五個相互關聯的觀點，這些觀點是行為科學發展的產物：

- 百分之九十五的人類思維和情感發生在潛意識的時候。
- 人類在神經刺激（神經影像）中思考，而不是在言語中思考。
- 隱喻思維是基本的心理過程。
- 故事是學習知識、了解世界和表達自己的必備步驟。
- 情緒對人類如何思考、行動和解釋世界萬物至關重要。

事實上我們的潛意識會影響我們的許多行動、選擇和購物決策，潛意識才是我們認知事物的思維方式，這也是成為品牌行銷原力存在的主要因素。

那麼，人類是如何感知、或者認知事物，並作出選擇的

呢？在此，不得不提到理查·泰勒（Richard Thaler）和卡斯·桑斯坦（Cass Sunstein）兩位研究思維系統的專家。

諾貝爾經濟學獎得主——經濟學家理查·泰勒與知名法律學者卡斯·桑斯坦合著了一本暢銷書《助推》（*Nudge: Improving Decisions About Health, Wealth, and Happiness*）。在書中，他們演示了如何運用「選擇的科學」引導人們合理決策，從而獲得更好的生活。他們兩人將潛意識思維稱為「自動化思維系統」，將有意識思維稱為「反射式思維系統」。

我們也用「自動化思維系統」來稱呼潛意識思維，用「反射式思維系統」來稱呼有意識思維。只要你醒著，自動化思維系統和反射思維系統就都處於活躍狀態。一般來說，你自動化潛意識的思維系統，在生成印象、感覺、意願和衝動方面發揮著主要作用。而反射式有意識思維系統則會遵從自動化思維系統的建議，除非受到意外干擾。在你意識之外的思維系統比你以為得要強大得多，它對你的所有抉擇和判斷都有重要影響。你的自動化潛意識思維系統，不僅影響著你的抉擇，也左右著你的全部行為，很多時候甚至是你行為的唯一主宰。

著名心理學家西格蒙德·佛洛伊德（Sigmund Freud）（下文稱佛洛伊德）首先讓人們注意到了潛意識的存在。佛洛伊德是研究潛意識最為有名的人，雖然他不是最先創造

這個概念的人，可是他是理論與臨床方面研究潛意識的第
一人。

　　著名心理學家帕卡德（Vance Packard）開啟了在品牌
行銷上對潛意識的研究，他做過一個實驗：他在商店裡向買
咖啡的顧客詢問了一系列的問題，如「你購買這一牌子的咖
啡是處於什麼原因？為什麼這個牌子的咖啡對你來說更合適
一些？」顧客回答：「我們購買這個牌子的咖啡是因為它的
氣味十分芳香」、「我們購買這個咖啡是因為它的味道又苦
又濃，味道很純」、「我購買這種牌子的咖啡是因為它的味
道很新鮮」等，沒有人提到咖啡的顏色問題。於是他試銷了
一種氣味芳香、略帶苦味、味道上乘、很新鮮但沒有顏色的
咖啡，結果這種沒有顏色的咖啡在市場上根本賣不動。這個
試驗證明了這樣一種道理：儘管人們都沒有說明咖啡的顏色
是購買咖啡的重要屬性，但在潛意識中人們都會注意咖啡的
顏色。因為咖啡本身具有特殊的咖啡色，在長期飲用咖啡時
已經習慣了這種顏色，對咖啡顏色的記憶已經處於潛意識之
中，這種潛意識記憶在無形中支配著人們的購買行為。

　　他又向購買肥皂的顧客詢問了一系列的問題，如「你覺
得這種肥皂的好處在哪兒？」「你購買這種肥皂的原因是什
麼？」……顧客回答他的問題時基本上是圍繞肥皂的大小、
香味、肥皂的去汙能力等方面。但是在他們實際購買肥皂的

時候，帕卡德觀察到這些顧客中有百分之七十的人都會掂一掂肥皂的重量，傾向於購買那些感到更重一些的肥皂，而在調查中誰也沒有回答他選購肥皂時要考慮肥皂的重量，這說明顧客在潛意識中要根據肥皂的重量來購買肥皂。

正是因為顧客在購買商品的過程中存在這些潛意識，而且這些潛意識對於他們選購商品具有比較重要的作用，所以在研究顧客的消費者心理時有必要研究他們的潛意識，從內心上掌握顧客的心理活動規律。正如前面的咖啡案例，如果不研究顧客的潛意識，咖啡廠商會認為咖啡的顏色不是很重要的因素。

著名心理學家卡爾・榮格（下文稱榮格）沿著潛意識的脈絡，深入研究，最後發現了集體潛意識的心理學成果，為我們的潛意識研究與應用邁出了更近一步。

著名社會心理學家亞伯拉罕・馬斯洛（Abraham Maslow）（下文稱馬斯洛），他認為人的潛意識都潛藏著七種不同層次的需要，這些需要在不同的時期表現出來的迫切程度是不同的，提出了著名的馬斯洛需求層次理論。同時，俄國心理學家巴夫洛夫（Ivan Pavlov）與伯爾赫斯・史金納（Burrhus Skinner）（下文稱史金納），透過「條件反射」的實驗分別發現了「經典條件反射」與「操作條件反射」的運作原理。

佛洛伊德、榮格、馬斯洛、巴夫洛夫、史金納他們的研

究成果，成為了品牌行銷原力的理論根基。

　　同時，反射式有意識思維系統對我們的某些行為有著重要意義，特別是那些並未充分進化的行為和未熟練到成為習慣的行為，透過培訓達到有意識的行為，例如運動減肥、以及與參加義工活動、外賓見面時遵守禮儀等。

　　心理學家、神經科學家和行為經濟學家已經研究出了反射式有意識思維與自動化潛意識思維的不同之處。表 1-1 整理了兩者的差異。

表 1-1 反射式有意識思維與自動式潛意識思維的不同之處

反射式有意識思維系統	自動式無意識思維系統
單一處理模式	多重處理模式
慢速而複雜	快速
能力較弱	能力強大
費力	輕巧
指向明確但懶惰	無指向性但始終活躍
持長遠觀點	關注眼前的事物
能夠學習新任務	能從事經長期訓練後已極為熟悉的任務

　　科學家們想到了一個測量自動化潛意識思維的「頻寬」，方法就是計算出有多少向大腦發送訊號的神經連線，每個神經連線每秒又發送多少訊號。例如，單是眼睛——視覺來看，每秒鐘就向大腦傳送一千萬位元組訊息；觸覺、聽覺、嗅覺、味覺——加起來每秒向大腦傳送超過一百萬位元組訊息。也就是說，我們的潛意識思維系統每秒鐘處理一千一百萬位元組由感官傳達的訊息。

　　不可思議的是，我們的反射式有意識思維系統僅僅能達到每秒鐘四十位元組訊息的處理速度。

　　或許，這兩種思維系統在處理能力上的巨大差別使你忍不住質疑科學家們的評估是否精確。當然即便科學家們的評估結果存在誤差，我們不可否認，潛意識思維的能力依然遠遠超過有意識思維。就算有意識思維系統的真實處理能力比科學家們評估的高出三倍，相比之下，令人驚訝的是，自動化思維系統的能力依然超過反射性思維兩萬五千倍。

　　生活中，你的潛意識思維系統還負責把感官接收的大量訊息轉化為可被大腦理解的訊息模式，從而讓你能理解自己看到和聽到的東西。潛意識思維的存在，它會影響到你生活中的各方面。

　　例如你會一邊開車一邊打電話嗎（我希望你用耳機）？當時，你是不是開了十公里卻沒有意識到自己在開車呢？在這段時間裡，真正的潛意識就是在開車。你在潛意識做了一系列的動作 —— 轉彎，剎車，避開障礙，一路暢通地往前開。一直以來，你的意識忙於電話交談，而沒有意識到自己在開車。

　　一個有趣的現象是，我們複雜的有意識思維擅長思考問題並規劃遙遠未來，而我們的潛意識思維只關注目前與當下的此時此刻。

生活中，尤其是女性，每次去逛街、逛商場經常購買大量的商品，而事後卻發現很多商品都是多餘的，根本沒什麼用。令人不解的是，消費者不會吸取先前的經驗，而是屢次屢購，屢購屢犯，無休止地購下去。因此，對於購物者而言，購物是一種感性占主導的行為方式，由僅僅關注即刻消費的潛意識思維所指引。

在品牌行銷領域，不論你想要策劃鼓動他人採取某種行為，還是以某種商品行替代他們原來的商品行為，你都必須與潛意識思維（自動化思維系統）打交道，從潛意識思維建立品牌的購買理由、購買指令，因為它主宰著消費者的行為衝動，對消費者的行為發揮著核心影響，在多數情況下都是你說服的主要對象。

TIPS：

1. 新經濟時期，品牌行銷原力創意是突破行銷策略的同質化的選擇

2. 品牌行銷原力是品牌潛在的核心，蘊藏在人們大腦的集體潛意識裡

3. 「原力」嫁接到品牌行銷創意上，就是超級創意

4. 品牌行銷原力是創意的觸發按鈕，是找到與消費者的共鳴點，直達消費者的內心！

5. 品牌行銷原力的原理基礎是「自動化思維系統」

「成功的廣告人必須懂得控制一般人的動機、欲望，並促使消費者對新產品產生欲望。」

—— 迪克特博士

作為出色的行銷人我們也要學會控制一般人的動機、欲望。消費者行為學認為：「行銷學是一門試圖影響消費者行為的學科。」為了掌握消費者行為，可嘗試尋找行為的內在原因，心理學家和社會學家認為「需要」和「動機」是產生行為的基礎和原因。需要、動機和行為之間存在著層層遞進的關係，需要是個體由於缺乏某種東西而產生的心理或生理上不平衡的狀態，它是消費行為的基礎，當消費者希望滿足的需要被激發時，動機就產生了，動機是行為的原因。

找到品牌原力的方法

1. 找到原力，就是找到創意的播放按鈕

　　試想一下，當你面對陳列著各式各樣的沐浴用品時，為什麼選擇甲洗髮精而不是乙呢？當然或許有價格問題，但是，如果大部分洗髮精的價格其實差不多，產品也差不多，而且高、中、低價格的品牌洗髮精都有，作為一名普通的消費者你會如何區分並採取購買行動呢？

　　其實，你在貨架前的時候，受到的干擾因素太多太多，促銷品、業務員、場內電視廣告、產品立牌等等，而你也隨時會走動，看這摸那，你處於迷茫狀態。此時，其實你需要一個購買刺激幫助你做決策。

　　當然，在購買刺激後面，還有其他的訊號。當這幾個訊號足夠強，你的目光就自動地被這個「播放按鈕」所吸引，你就會自動觸及播放按鈕，選購商品。

　　在談什麼是「播放按鈕」之前，你先來聽一個故事吧：

　　一天，我接到一個曾經服務過的客戶打來的電話，他開心地說到，他們開的幾個茶葉店生意不錯，原因有點不可思

議，他們的茶葉只是按照我的方法，將其中兩款茶葉換了看起來很上等的外包裝盒（當然是經過專門設計的），由於包裝成本提高了，因此我們對茶葉進行了價格策略，相應地漲了價格，每盒比原來的價格高兩百多，奇怪的是，這兩款茶葉是店裡賣的最好的，尤其是中秋節、春節銷售根本供不應求，他對這件事情很詫異。

其實這個客戶說的這件事情主要是茶葉禮盒的「播放按鈕」發揮作用，我們從雌火雞的實驗故事得以說明。

動物學家福克斯（M.W. Fox）在一九七四年做了一個實驗，生動地演示了雌火雞對「嘰嘰」聲的極度依賴性。實驗用了一隻雌火雞和一個臭鼬充氣玩具。對雌火雞來說，臭鼬是天敵，只要牠一出現，雌火雞就會嘎嘎大叫，用喙啄牠，用爪子抓牠。事實上，實驗發現，即使只是一隻臭鼬充氣玩具，放到雌火雞面前，也會立刻遭到猛烈的攻擊。然而，要是相同的充氣玩具裡裝上一臺小型錄音機，播放火雞寶寶發出的「嘰嘰」聲，雌火雞不光會接受臭鼬，還把它收攏到自己翅膀底下。錄音機一關掉，臭鼬玩具又會立刻遭到猛烈的攻擊。

如此看來，雌火雞在這種環境下的舉動看起來是何等的荒謬啊：牠熱烈地擁抱了天敵，僅僅因為對方發出了嘰嘰的聲音；牠虐待甚至害死了自己的寶寶，僅僅因為小雞沒有嘰

嘰叫。牠的行為像一臺機器，母性本能全受一種聲音的自動控制。

動物行為學家告訴我們，大量物種的規律性都具有盲目機械行為模式。而這種大量物種的規律性盲目機械行為模式，指引著人類對購物的啟發。這種不可思議的行為模式被巴夫洛夫定義為「條件反射模式」。

理解了這個原理，再來解釋上文茶葉更換包裝盒並漲價，銷售反而變好就很容易理解了。首先，目前的茶葉市場，除了鐵觀音、龍井、普洱、大紅袍等等品類品牌，別的知名產品品牌很少。大多數的茶葉購買者，更多的是買來送禮，所謂「茶」與「禮」，同為傳統文化的精髓，具有最天然、最本質的內在連繫 —— 以茶為禮，以禮品茶。對茶葉的品牌認識較淺的消費者，他們用一套標準原則來為自己選購茶葉：一分錢一分貨，包裝好就等於產品好，價格高就等於產品好。很多心理學研究顯示，要是人們對所購物商品的品質無法判斷，就會使用這個選購標準。

因此，想買好茶葉的顧客，一看到包裝有等級，價格有分量就覺得他們更符合「好」茶葉的標準，用於送禮更有面子，包裝與價格兩者成為了品質的觸發特徵。

其實，人們都在「一分錢一分貨」的教條中成長的，更何況這條規則在他們的生活中一次又一次地應驗過，形成了

「包裝好等於品質好」,「價格高等於產品好」。一般而言,物品價值高,價格也會漲,是人們潛意識中的固有思維。

再來看看中秋節、春節的茶葉銷售為什麼供不應求。因為中秋節、春節是東方人走親訪友的傳統文化儀式,已經形成固定行為模式,年復一年,所構成模式的所有行為(中秋節、春節團圓)幾乎都是按相同的流程,依照相同儀式的順序發生的。

事實上,這種模式化的自動行為在大部分人類活動中是相當普遍的,因為很多時候,它是最有效的行為方式。我們生活在一個極端複雜的環境中,為了對付它,我們需要捷徑。哪怕就是短短的一天當中遇到的每一個人、每一件事,我們也不可能把所有方面都辨識出來。我們會頻繁地利用經驗,根據少數關鍵特徵把事情分類,一碰到各式各樣的觸發特徵,就不假思索地啟動決策、並作出反應。

這種模式化的自動行為標準,就是讓你一觸即發展開行動的「播放按鈕」,找到原力,就是要找到這個創意的播放按鈕。

2. 創意的問題,從消費者身上找解決辦法

品牌的存在就是解決消費者的問題,行銷只是讓他們知道我們的品牌能幫他們解決什麼問題。古人云:「解鈴還需繫鈴人」,由此,創意的問題,就需要我們研究消費者,分

析他們心理，從他們的身上找到解決辦法。

　　從消費者潛意識出發，在心理學大師的研究成果之上，我從消費者身上發現了創意的三個品牌原力 —— 動機原力、文化原力、誘因原力可以找出解決辦法。嫁接這三個原力在行銷策略與內容創意的各個環節，為我們賦與巨大的能量。

　　從消費者內心的需求，發現「動機原力」

　　行銷學家將「顧客需求」作為行銷的出發點，並從市場的角度細分為「需要」、「需求」和「欲望」。洞察消費者需求，滿足消費者尚未被滿足的需求，任何時候都要在「以消費者為中心」的行銷理念中，將心理動機當作品牌行銷原力的一種資源。

　　動機是引導人們做出行為的過程，動機的研究主要來自心理學，20世紀初至今，動機理論的研究經歷了從本能論、驅力論到雙因子論等的發展過程，其中，影響最大的是佛洛伊德、馬斯洛。

　　佛洛伊德對動機研究做出了重大的貢獻，成為本能論的代表人物（之前有詹姆斯（William James）和麥克杜格（William McDougall））。提出了人的心理結構部分之間的動力關係，不僅區分了本能的形式，還對本能如何發揮作用以及本能的能量作用等一系列問題做了詳細論述。佛洛伊德本能論為動機研究奠定了基礎。

在佛洛伊德本能論基礎上，馬斯洛提出了「馬斯洛需求層次論」原理。

「馬斯洛需求層次論」指的是，馬斯洛提出了五個層級的需求層次理論 —— 五個需求，即生理需求、安全需求、社會需求、自尊需求和自我實現需求。其中，最低階的是生理需求，逐漸向上是安全需求、社會需求、自尊需求和自我實現需求。

基於生理的需要是有限的，基於心理的想要是無限的。動機原力就是以「馬斯洛需求層次論」為理論基礎，根植在消費者潛意識的「需要」與「想要」就是「動機原力」，為「動機原力」建立購買理由。

從消費者潛意識的原始意象，發現「文化原力」

行銷傳播有許多種定義，比如訊息傳遞、意見交換、訊息發送者與接收者之間達成共識的過程。這些定義說明，傳播的實現是以一些條件為前提的，雙方必須有一個統一的想法，訊息必須從一個人傳遞到另一個人，或者從一個團體傳遞到另一個團體。

在消費者購物中，消費者需要一個明確的指令，按照指令選購需要的商品，來減少或消除未滿足需要的這種緊張，這個指令是建立在文化主體意識之上的，被消費者辨別、認知和認同的。

第一章　創意源自於原力

心理學家榮格在佛洛伊德的基礎之上，提出了人格結構理論，把人格分為三個層次：意識、個人潛意識和集體潛意識。榮格提出的「集體潛意識」中所描述的人類「種族記憶」或「原始意象」存在文化主體意識中，即：「一種從不可計數的千百年來人類祖先經驗的沉積物，一種每一世紀僅增加極小極小變化和差異的史前社會生活的回聲」。

這種描述的「種族記憶」或「原始意象」就是進化、沉澱在人類文化與靈魂深處的潛意識 ——「集體潛意識」，這些「原始意象」可以是自然啟示、圖騰崇拜、英雄傳奇、神話傳說、聖靈感召等力量，是符號創意，故事創意的根基，就是文化原力。

無論是標誌、廣告語，還是廣告視覺的或者聽覺的、觸覺的符號創意，都需要從嫁接文化原力。

從消費者對事物的條件反射，發現「誘因原力」

生活中，你是否有這樣的經歷，你不知不覺地購買某種商品，過段時間便發現所購的商品並無大用，更讓人吃驚的是，你下次還會一而再、再而三地再犯，尤其是商品做活動（遊戲、優惠、打折、促銷等），你會更加欲罷不能。這一切是因為「誘因原力」所指引。

誘因理論，該理論認為行為在相當程度上由外部誘因牽引，而不是受內在因素推動。誘因理論關注外在刺激、強化

作用如何引導行為的發生，誘因理論主要包括巴夫洛夫的經典性條件反射與史金納的操作性條件反射理論都屬於誘因理論。

誘因理論建立在假設基礎之上：行動著的個體知道他的行為將有什麼後果，積極誘因（人們希望得到的）包括食物、愛情、名譽等；消極誘因（人們希望避免的）包括痛苦、焦慮、挫折等。

我們已知巴夫洛夫所提出的「條件反射模型」，它是指一種由固定程式的條件作用建立的暫時連繫系統 —— 條件反射系統，也可以說是大腦皮層對特定刺激形成了自動化的反應。

此外，還有史金納提出的可以透過學習而養成反射習慣的「操作性條件反射」原理，即透過操作性學習，人或動物可以養成某種行為的條件反射。行為主義心理學之父約翰·華生（John Watson）在巴夫洛夫條件反射的影響下，提出了「刺激 —— 反應學習」原理，並將這個原理大量運用在廣告實踐中。

嫁接誘因原力，在整合行銷中我們可以將購買理由、購買指令組織成有計畫的購買刺激，成為促進品牌銷售的臨門一腳。

3. 嫁接原力開啟品牌行銷的三個播放按鈕

消費者買點嫁接原力成為「購買理由」

當你想購買某一類商品的時候，也許你會主動搜尋品牌或者產品訊息的時候，消費者買點更直觀，能夠給出他們所期待的理由。

為什麼提出消費者買點的概念，與以「產品導向」觀念的賣點不同，買點是強調「消費者導向」的觀念，賣點不一定是消費者所看重的，而買點必定是消費者所需要的。消費者買點的創意應該區隔於其他品牌的利益點訴求，聚焦於消費者尚未被其他品牌解決的衝突而設計，成為品牌的購買理由。

提倡消費者買點概念，並將其更新為「購買理由」，是因為消費者選購一件商品，並不限於某一點，例如選購美容儀器，除了變美的功能，還有其他的理由（產品服務、產品嘗鮮、產品更新、包裝換新、貨架陳列等等）都可能成為購買理由，當這些理由呈現消費者面前，其選購按鈕就會自動播放。

正所謂：「消費需求是個幌子，購買理由才是真」。購買理由建立在產品價值之上，喚醒並嫁接消費者的「動機原力」，將消費需求轉化為購買理由。

創意表達嫁接原力成為「購買指令」

在行銷傳播中，沒有好的創意內容，你的策略再好也不能有效實現。不僅花了預算得不到預期回報，甚至錯過時機，錯失時機。

如果從創意表達來看，任何一種創意，都有各式各樣的表現方式，光是圖片就千變萬化，文字更加不用說，在人工智慧下，文字創意的生產能力簡直快的驚人。

儘管有那麼多的智慧軟體，可是創意表達的核心還是要發揮人腦的無限可能，行銷傳播是個去蕪存菁的簡化過程，必須建立在購買理由之上，透過嫁接消費者的「文化原力」形成符號指令和故事指令的「購買指令」的播放按鈕，才能具有指令的效力。

總之，無論是符號創意，還是故事指令策劃，這裡要提醒你的是：創意表達的目的並非都是為了創意，而是為了透過創意形成「購買指令」，為了讓消費者不經意地按照指令選購商品。

訊號發射嫁接原力成為「購買刺激」

行銷傳播就是發訊號的過程，訊號刺激需要按照一定的規律、秩序、頻率，形成可操控的消費者購買行動。

訊號發射的策略在於消費者如何接收訊息，喚醒「誘因原力」可以形成「購買刺激」。

巴夫洛夫提出的「條件反射」的實驗表明：「在條件反

射下，人們會不斷產生慣性需求。」華生「條件反射」基礎
上研究出了「刺激 —— 反應理論」。在購物過程中，一旦某
些「條件」刺激，就能讓購物者的反射成為「購買刺激」，
並觸發「購買指令」，產生購買行動。

同時，史金納觀察到了生物的自主行為和外部刺激之間
的關聯，提出了「操作性條件反射」原理 —— 操作性條件
反射是自主行為和外部環境之間建立的一種連結。根據這個
原理我們可知，消費者透過學習是可以建立購買刺激的。

正是嫁接「誘因原力」，整合行銷成為強化「購買刺激」
的主要手段。啟用消費者的衝突神經，讓消費者購買或重複
購買。這也是為什麼有些公司，屢試不爽地用活動、促銷、
遊戲等方式不停刺激消費者行動的原因。

4. 原力創意的腦力激盪方法：六頂思考帽

做任何事情，都需要遵循一定的方法，品牌行銷也一
樣。為了快速找出原力，並創建「購買理由、購買指令及購
買刺激」，推薦「六頂思考帽」方法。

「六頂思考帽」（六帽子：紅、黃、黑、綠、白和藍）由
英國創新思維之父愛德華・狄波諾博士（下稱狄波諾博士）
建立，這方法強調從不同角度思考同一個問題，客觀地分析
各種意見，最後作出結論。

六頂思考帽的主要價值在於提供了「平行思維」的工具，避免將時間浪費在互相爭執上。按狄波諾博士的說法，「六頂思考帽」是教你對自己的思維進行管理並開發創造性思維的一種方法。「六頂思考帽」使你從不同面向思考，這樣你可以依次對問題的面向給予足夠的重視和充分的考慮。以下是「六頂思考帽」具體做法。

白帽：象徵中立、客觀、以事實、數字等訊息或數據為焦點，它是一種獲取訊息的技巧。當戴上它時，思考者本身只專一地考慮和資訊有關的東西，「想一想我們對這個市場的情況知道多少？」是白帽子的一種思維邏輯。

紅帽：象徵情緒、預感、直覺，以個人的感覺、價值觀等感性為焦點，它強調了在抉擇時情感直覺的意義，感覺往往是不可以被分析的事實和邏輯，這是基於以往經歷中的豐富經驗產生的。「告訴我們你的感覺如何？」成為紅帽子的經典提問。

黃帽：象徵樂觀、前瞻或希望，它以找出、列舉價值所在為焦點，它是以評估具有潛在利益和機會為出發，是一種評積極、正面探索方式。「看看這個提議有什麼利益嗎？」這就是應用黃帽子思考法時的一種做法。

黑帽：象徵冷靜、反思或謹慎，以探索「真不真實」，「適不適合」，「合不合法」等邏輯為探究焦點，是一種負面

的探索方式。「讓我們想一想還有哪些危機？」這便是戴上黑帽子的一種反思。

綠帽：象徵創新、改變，以求變通之道、新突破為焦點，是創造性解決問題的基本工具。它不需要建立在邏輯的基礎上。當然因為這個顏色的帽子，於是建議稱其為翡翠帽或孔雀帽。

藍帽：象徵全局及控制，藍帽思考以監控及指揮六頂帽子的應用為焦點。它是一種變換認知，一種有效主持會議不可缺的技能。藍帽子計畫和控制思考，並盡力尋求最佳的方案。「我們需要用藍帽子來列明我們應該做些什麼。」不失為一種簡單而有效的思考管理之道。

案例說明

A 品牌以提供鮮切水果為主要產品，透過「六頂思考帽」建立核心購買理由：

為了讓活動順利開展，確保會議討論有效率，由藍帽子擔任主持人角色。在廣告公司，通常讓 AE（客戶經理）做藍帽子角色，藍帽子以事實為基礎，需要將他在客戶（A 品牌）那裡得到的一切訊息向專案組的成員彙報。

藍帽子要深知，定位購買理由要遵循嚴格的結構化，從消費者行為洞察中找到解決產品購買理由的核心問題，並對達到最優效果的策略進行深入討論，同時，在這個過程中，

對消費者調查的分析、了解非常重要。

接著是白帽子，白帽子要全方位了解市場情況。業界競爭方面，鮮切水果市場經過近幾年商家的教育與引導，已經日漸成熟。消費者方面，隨著人們生活水準的提高，消費者對健康、環保、品質生活有更高的需求，口紅效應只是眼下眾多消費心態當中的一種，它主要是為產品的走紅創造了一定的可能。

紅帽子可以告訴我們；因為不同的目標客群有著不同的生活體驗，他們傾向於接受和他們的價值觀念相應的表達方式、活動形式。消費者追求健康、品質生活、個性化等認知的提升，對鮮切水果品牌來說，現在入市正是時機。

黃帽子說，A品牌塑造以鮮切水果為核心的生活方式，第一個差異化是「新鮮」，藉助實體門市銷售，以及供應鏈體系的上游工廠，形成獨特的競爭優勢。第二個差異化是「潮流」，即年輕族群的形態和潮流生活方式。

黑帽子說，可能會面臨哪些危機？消費者方面的？競爭者方面的？

綠帽子最後回答「誰來買？買什麼？有何差異化？」的三個問題，並定位購買理由：

從消費者左右腦出發，A品牌要從通路和品牌差異化兩方面解決未來所面臨的危機，消費者的定位以崇尚個性、年

輕活力、追求品質與潮流生活方式的消費者為目標客群，打破了常規的年齡為參考指標的方式。鎖定了「年輕心態」核心詞彙，嫁接這個動機原力，提出了「年輕就要 A 品牌」的購買理由。

　　從 A 品牌「六頂思考帽」你可以發現，討論與思辨互為一體，創意和策略難捨難分，讓我們很難分得清，在一個創意裡面，「六頂思考帽」清晰地指引我們建立一個絕佳的購買理由、購買指令或購買刺激。

TIPS：

1. 品牌行銷創意需要播放按鈕的開關，找到原力，就是找到創意的播放按鈕

2. 品牌行銷原力的來源於消費者潛意識的動機原力、文化原力、誘因原力

3. 嫁接原力開啟品牌行銷的三個播放按鈕：購買理由、購買指令、購買刺激。

4. 品牌行銷原力創意的腦力激盪方法：六頂思考帽

第二章　尋找動機原力

「情感共鳴的巨大力量，具有價格優勢的品牌可能被簡單地廉價出售。具有效能優勢的品牌可能受到技術開發的束縛。但是，具有情感優勢的品牌可能具有永久的市場潛能。」

—— 《了解品牌》（*Understanding Brands*）

人有需求，才有消費，才有了消費者。消費者選購產品，表面上他們在意的是產品提供什麼價值，而事實上他們真正在乎的是產品提供的價值能夠滿足自己什麼心理需求。消費者的需求分為需要和想要的欲望，品牌的欲望建立在與消費者的情感溝通之上。消費者的需要是有限的，而這些需要並非是行銷者所能創造的。人的欲望是無限的，這些欲望是行銷者為所能創造的。

動機原力的來源

1. 動機原力：來自消費者的心理需求

消費者的需要是有限的，並且它不受外界環境的影響不能被行銷者所製造；但人的想要卻是無窮的，因為人的精神世界是一片廣闊無邊的天地，人的心理需求是極其豐富而永無止境的。人的各種需求不斷產生，同時不斷地得到滿足，而新的需求也隨之不斷出現，想要受外部環境的影響，會不斷地被激發出來，而這恰恰是行銷者的機會所在。

我們透過「馬斯洛需求層次論」搞清楚消費者的內心需求結構是怎麼回事。

馬斯洛需求層次論的核心內容分為：「生理需求與安全需求、尊重需求、社會需求與自我實現」。

其中，「生理需求與安全需求」是消費者生活中所必須的基本需求，也是必須要滿足的，比如衣食住行，衣服滿足遮體和避寒，食物滿足腹飽等。

而「尊重需求、社會需求與自我實現」需求是消費者更高級的情感需求。情感需求來自消費者精神上的富足，比如

衣服滿足美觀、時尚，奢侈品滿足尊嚴和社交，跑車滿足刺激，鑽石滿足愛情等等。

馬斯洛解釋了不同層次的需求是如何得到滿足的，概括起來有以下要點：

1. 不管是較低層次的生理需求，還是較高層次的自我實現需求，消費者可能有一定程度的意識，也可能沒有意識。

2. 生理需求和安全需求是消費者最基本的需求，一般來說，當最基本的需求沒有得到滿足時，這些需求會產生強大的驅使力來滿足最基本的需求。

3. 隨著生活水準的提高，消費者的需求也逐步發生變化，由單一的基本需求上升到更高級的欲望。

通常來說，消費者對物質需求是較容易化解和調和的，而對欲望的情感需求則較難調和，因為情感需求來源於精神且高於精神的，其背後往往帶有信仰、思想等諸多原因。當單一的產品與這種更高級的情感需求 —— 欲望有某種不可調和，如果你能夠使其平衡，就能解決消費者內心需求，成為消費者青睞的品牌。

馬斯洛五個層次的需求，必然要以具體的商品形式來滿足。

滿足生理需求所消費的商品，包括食品、飲料、服裝鞋

帽等。生理需求是人們最基本的需要，所消費的商品不僅數量大，而且具有永久性，商品供應必須綿延不斷，這就為食品、飲料、服裝等產業的可持續需求提供動力。

滿足安全需求所消費的商品比較複雜，如為了個人安全而購買的自衛防身用品，為了保護家庭財產而購買的防偷防盜保全用品，為了得到人身與家庭財產的安全感而購買的人壽保險與家庭財產保險等，這些市場的規模都比較大。

社會需求反映在人們交朋結友、參與社交活動，以及贈送禮品、娛樂消費等方面。生活水準日漸提高，生活節奏越來越快，人際交往的需要更加強烈，這類商品市場的發展空間越來越大。

滿足自尊需求而消費的商品，包括美化自我形象的美容化妝品、服裝服飾品、名牌名貴商品、稀有商品等。這類商品必須具有這樣的特點：一是消費者因為商品的知名度高而提升自我的知名度；二是消費者擁有這種商品之後顯得與眾不同、形象突出；三是消費者能從中獲得一無二的情感體會。

在描述自我實現的特徵時，這類消費者所消費的商品也可能具有獨特性。例如，為了實現自駕遊方面的潛能，消費者必然購買與自駕遊有關的汽車、汽車用品、攝影器材、自駕用具等；通常，一些普通消費者購買專業性商品，多數是

為了滿足自己在某一領域的興趣與愛好，是一種個性滿足的需求。

需求層次對建立購買理由的啟發

第一、消費者的需求分為高低不同的層次，生理需求和安全需求是最基本的需求，與古代「衣食足而後知榮辱」的思想不謀而合，消費者只有在滿足了吃飯穿衣等最基本需求之後，才會考慮到更高層級的需求。

第二、五個需求層次是個動態的過程，當消費者的基本需求得到了一定程度的滿足之後，必然會之出現高層次的需求，並需要高層次的商品。例如，當消費者的基本需求已經得到解決，那麼對於自尊、社會交往的需求就會增強，而事實上，許多消費者需要更豐富的娛樂形式，更加豐富的感情交往，這些需要給文化、娛樂社會交往等市場的發展提供了契機。這也就是為什麼近些年「打卡」級產品的特定商品廣受消費者青睞，以及各種娛樂類節目火紅的原因。

簡單地講，與生理需求相對應的是「需要」，而更高層級的心理需求與相對應的則是「想要」。生理需求是先天的、不學而能的、靠遺傳獲得的，而心理需求則是人在社會生活活動中學習的產物，是後天習得的，因而也是可以改變的。

2. 動機原力存在消費者的左右腦裡

大腦是人類完成智力活動的物質基礎，我們是透過大腦進行思考、作出決定的。我們的大腦分為左右兩個半球，左腦掌管語言和邏輯，而右腦掌管形象與情感。簡單地說，左腦的主要功能是理性思維，右腦的主要功能是感性思維，而更進一步的研究結果則顯示，情感導致行動，而理智則導致推理。

人們常常以智商、情商的高度來劃分大腦的聰明程度。一九六七年，心理學家羅傑・斯佩里（Roger Sperry）實驗發現：大腦的兩個半球相對獨立工作，各有各的分工。其中，左半球更擅長語言、寫作、數字運算、閱讀等方面的事，是人的語言中樞，掌控理性認知；而右半腦在符號推理、藝術活動和解決空間關係等方面更具有優勢，掌控感性認知。任何一個具體的日常任務，都需要兩個半腦的共同參與，購物也一樣。

仔細研究，我們會發現，無論社會如何變遷，消費者的大腦構造並未有變。科學家研究人的左腦右腦並存，並且有著一定的差異，而我們在分析消費者的時候也無法以單個消費者進行解讀，不能將消費人群機械地分為左腦使用者和右腦使用者，而是需要立體整合、發展的眼光看待每一個消費族群。

從左腦 —— 邏輯思維尋找理性動機原力

生活中，我們的常規教育以「理性思維」為主，注重對左腦的開發。左腦思維鍛鍊，使我們的邏輯思維能力、預測能力、精準判斷能力越來越強大。

人類是個「算計」的世界，從上幼兒園開始，我們就開始學習運用左腦思考，主管技能、事實、理性思考、邏輯，大腦右半球基本開始不用了；到了小學更要把注意力放在讀、寫、算術上，偏重規律性、常識性、邏輯性等固化的思維教育，大部分的孩子在十二歲之後，在追逐理性邏輯安全感的道路上，逐漸放棄了對未知世界的探尋和好奇心的守護。

研究顯示，模糊的形容總是給人不安全感，而具體的數字，能消除這種不安全感。

對於「理性主義者」而言，他們追求事實，數字就是一切。不要告訴他聖母峰很高，他想聽到的結果是八千八百四十八公尺；不要告訴他我們在一起很久了，他想聽到的結果是一千零一天三小時。同理，不要告訴他這盤沙拉有多種水果蔬菜，他想知道能否可以減掉一千卡路里；不要告訴他手機拍照很厲害，他想知道手機畫素是兩百萬還是兩千萬。因此，當顧客沒有理由信任你時，公開的數據就是最有說服力的購買理由。

在左腦思維中，如果我們說：「我們降低了價格。」但這不會產生任何影響，如果說：「我們的價格降低了百分之十三」，這個宣傳就有很強的實際效果。

俗話說：「領先半步是先驅，領先三步成先烈。」我們的最大行銷成本是時間成本，是因為我們的品牌需要花時間來教育市場，需要一段時間改變消費者的固有認知 —— 消費者對品牌的理性判斷，品牌離人們固有的理性邏輯更遠，則很難說服消費者購買。

我們常用邏輯思維思考產品的功能，能解決什麼問題，都是為了使購買理由符合消費者的思考方式，說他們想聽的，才能啟動他們的左腦播放按鈕。

從右腦 —— 情感欲望尋找品牌感性動機原力

從情感欲望的右腦感性思維出發，是洞察超級購買理由的另一起點。看似不重要的藝術、音樂和體育的教育，就是右腦所主導的感性思維。想像力比知識更重要，充分利用我們的右腦，用想像力洞察到購買理由，才能無限發揮我們的無限成長空間。

對於「情感主義者」而言，他們追求情緒，相信快樂就是一切。不要告訴她這個酒精含量是多少，她想要的是盡興就好；不要告訴她這個飲料含有什麼成分，能讓她充滿熱情就好；不要告訴她這個菜是什麼烹飪方法，能讓她吃的爽就

好；不要告訴她這個食品是什麼元素，能讓她開心就好；不要告訴她這個車有什麼動力，能讓她喜歡就好。因此，顧客選擇你之前，要從顧客的「心」出發，以情動人就是最有說服力的購買理由。

右腦發達的人在知覺和想像力方面可能更強一些，而且知覺、空間感和掌握全局的能力都有可能更強一些，在各種動作上相對更敏捷。右腦不拘泥於區域性的分析，而是統觀全域，最重要的貢獻是具有創造性思維 —— 以大膽猜測跳躍式地前進，達到直覺的結論。

認清事實，講清道理，有時候你自信地大聲向消費者呼喊「我更好！我更強！我更棒！」。在產品高度同質化時代，這種表達方式已行不通了，消費者已視若無睹，要吸引他們，你得拿出更強力的武器，而右腦感性思維就是絕密武器，為你說服他們提供更多可能。

在右腦思維的傳播行銷，對消費者的最佳方式是討好他們，說動消費者，你應該以情動人，尤其對於女性消費者。例如冷冰冰的數字，實在是難以有感覺，手機就是用來打電話、玩社群軟體和拍照的，他們不想聽那麼多的數字。

由此，我們不難看出，站在消費者左右腦的角度來看，產品在品質和功能方面如果不能很好地滿足消費者的物理需求，那麼消費者在選購中，很容易經過簡單的理性推理就將

其捨棄掉。而在同質化現象氾濫的今天，如果購買理由不能觸碰到消費者的內心，則會遭到他們情感上的拒絕，不能形成購買的決定。對於一件商品，它既要能夠滿足物理需求，經得起他們理性的分析與判斷，還要能夠在情感上滿足他們的心理需求。

品牌不是高居廟堂的聖物，成功的行銷是品牌與消費者戀愛的化學反應過程。品牌與消費者談戀愛，情感說服比理性說服更為重要。因為情感是啟用人們與生俱有的潛意識，最快捷地形成自動化意識。

3. 小動機原力滿足產品需要，大動機原力滿足品牌想要

黎巴嫩作家紀伯倫（Kahlil Gibran）曾經寫過一個寓言故事：「一個人從自家院裡挖出一尊大理石雕像，賣給一位收藏家。這個人暗自竊喜 —— 一塊破石頭，居然賣了那麼多錢；而收藏家也欣喜若狂 —— 如此精美的一件藝術品，居然僅僅花了少少錢就得到了。」這個故事告訴我們：一件物品的價值並非取決於它的勞動量，而是人們對它的主觀評價。

你是否在生活中發現一個有趣的現象，當你在實體店或者網拍購買鞋子的時候，同樣材質（產品規格有表明材質、成分）的一雙鞋時，有品牌標籤比沒有品牌標籤的價格要高很多。

　　知名時尚品牌創始人皮爾卡登先生說到：「同樣的服裝，同樣的西裝，沒有品牌的西裝和皮爾卡登西裝相比，你可能情願多花幾千塊錢買後者，而事實上穿在身上跟沒品牌的也差不多，但是這裡面有情感價值，這就是消費者的消費心理決定的。」

　　這裡指的情感價值能夠勾引起消費者想要的欲望就是品牌。要談品牌，先來看看產品。無論行銷理論如何轉變，產品永遠是最為重要的要素之一。產品的本質是解決消費者痛點，所有的產品都是為了解決問題而存在。我們的產品創意、產品研發、產品設計無一不是從核心功能出發，透過解決他們的痛點，從而捕捉屬於自己的市場機會。

　　簡單來說，哪裡有痛點，哪裡就有問題，哪裡就有需求。關於需求，前面的「需求理論」已經講清楚了，下面我們來談談消費者的欲望。

　　布希亞（Jean Baudfillard）在《消費社會》（*La Societe de consommation*）一書裡曾說到：「消費主義指的是，消費的目的不是為了滿足『實際需求』，而是不斷追求被製造出來的、被刺激起來的欲望。」消費者有了欲望，產品才能真正成就一個偉大的品牌。

　　著名廣告人大衛‧奧格威（David Ogilvy）先生認為：「品牌就是消費者對某品牌感受的總和」。用白話說，品牌

就是對某商品的瞬間聯想，這個聯想更多的是整體感受，品牌想要的欲望透過品牌感受來表達，當然也包括對產品的體驗。

　　某種程度上，品牌是一個行銷概念，啟程的是產品事實，抵達終點站的則是品牌感受。（如表 2-1 所示）

表 2-1 產品事實和品牌感受的區別

產品事實	品牌感受
物質及技術的概念層面，對應了消費者物質層面的需求，以及對產品功能的使用經驗：	精神及情感的層面，對應了消費者精神層面的需求，以及對產品全方位的體驗：
- 有形的 - 摸的到 - 感覺得到 - 看得見 - 有外在屬性 - 有風格樣式 - 特性、價格 –滿足消費者對其功效和價值的期望 –但這些只是產品特點	- 可貴 - 信任 - 信心 - 朋友 - 定位 - 符號等等 - 滿足消費者對符號或抽象情感欲望 - 對產品或服務使用的共享經驗

　　在產品高度發達的今天，產品滿足消費者生理需求、物理需求的能力差別微小，小到對消費者購買決策的影響微乎其微，因為消費者的這個需求並不大，我們稱之為「小動機原力」。而心理欲望則不然，來源於精神且高於精神的，其背後往宗教、理想等諸多原因，消費者想要的欲望是無限的，我們稱之為「大動機原力」，一方面，人的心理需求受外部環境的影響，作為行銷者，你有空間對其進行塑造；另一方面，在心靈上的情感占據很難被替代，因為人們都有一

種要做到和過去的行為相一致或是刻意的不一致的願望。

　　我認為，同質化的現象是既有的客觀事實，我們要做的是，協助消費者辨認產品物理性相同的不同品牌所代表的意義。在無止盡的消費者欲望裡，激發他們高層次的欲望，讓他們心甘情願地付出更多的錢。

　　消費者因為產品而和你產生關聯，因為品牌而喜歡你的產品，願意付錢購買你的產品。消費者在選購商品時，會出於對於物質需求（產品事實）和精神欲望（品牌感受）的兩大需求。物質功能和精神滿足作為品牌的二元性，是一對立統一體，共同刺激著購物者的購買認知，滿足了這兩個層面的需求，就能完整地解決他們的購買衝突，贏得他們的歡心。

　　消費者對於商品是著重於產品本身的認同，即商品需要滿足他們的使用價值需求，更注重他們在精神層面得到想要的欲望滿足，這也是為什麼有些人不惜金錢代價要開賓士車、BMW，甚至賓利、勞斯萊斯，手錶只戴勞力士、百達翡麗的道理。

　　我來總結一下，小動機原力滿足產品需要，產品事實是滿足消費者理性痛點；大動機原力滿足品牌想要，品牌是喚起消費者心中的感性慾望，這個欲望必須高於產品本身的屬性，與消費者建立更深層的情感維繫。近幾年很多炫、酷、潮的小眾品牌異軍突起，就是切合了消費者的欲望。

4. 動機原力要考慮的「三個考量」與「三個風險」

成功品牌的本質力量是人性，遵循人性才能造就偉大的品牌。洞察人心的本質，一直以來就深藏在人的心裡，不疾不徐，不緊不慢，等著有一天被挖出來，曝晒於天下。按照人性建立的品牌才能持續下去。

在佛洛伊德的精神世界中，人類的基礎需求是排除外在干擾的，即便網路飛速發展，但人內心追求的依舊是原始的快樂。洞察也是一樣，無論技術怎麼發展，你都可以創造出各式各樣的調查手段和方法，其實目的是一樣的，就是為了讀懂人性背後的需求。

人人都有需求，人人都是消費者。人類的本性是追求內心無限的欲望。在真善美的召喚下，偽惡醜的人和事不斷地減少，社會變得更好更美，品牌背後的表達永遠是品牌成長的不竭動力。正如你總是渴求買到高級的品牌，你樂於參加各種品牌舉辦的慈善、公益活動，展現善良之心，並不厭其煩地購買化妝品，甚至整形、美容，其實你追求的是美麗的夢想。

我在此要說，無論是菜市場的大媽，還是公司高階主管，購物過程中都會有「三個考量」與「三個風險」。

當我們在行銷一個品牌的時候，要清楚地了解消費者，了解是誰買、如何買、何時買、在哪裡買、為什麼買。因為

只有真正了解消費者會對各產品的特性、價格、廣告訴求等作出什麼反應，才能比其他競爭對手占有優勢。

對消費者而言，在選購一個品牌時至少會有三個考量：

1、產品的品質

關於產品品質，消費者主要考慮的是他所付的價錢是否能夠物有所值，這個商品的物理功能能否滿足他在產品功能方面的需要。

2、品牌的內涵

關於品牌的內涵部分，即指這個品牌是否能代表我個人的價值觀。這牌子適合我這樣的人嗎？它符合我這個人的氣質嗎？能否表達我的品味？當然，若是能夠物超所值，彰顯我的判斷能力是更好的。

3、增值的服務

至於增值的服務，從內涵上說是指我能否期待從這個品牌中得到超出預期的價值。所謂超出預期的價值並不完全是指有無售後服務而已，這包含了理性的及感性的、臨時性的和經常性的。例如，能否讓他人對我刮目相看，覺得我的品味超凡脫俗，滿足自我實現的光彩；或是其他類似專屬會員的服務；或是優先權等等。凡是帶給消費者驚喜、貼心、感動的經歷，都能強化消費者的選擇決心，使其用行動回報品牌。

另外，消費者選購一個品牌時至少會有三個風險：

功能性風險、社會認同風險和自我實現風險，這三個風險在消費者心中，應該是同時存在的，透過優先順序的排列，總有一個風險會突顯在第一位。行銷者也可以作這樣的解釋，即：消費者購買動機的最大因素必定是這三個風險中的任何一個，用這個風險，再逐步深挖消費者的心靈空間，作為品牌購買理由的走向，提供一個與消費者產生共鳴的承諾與訴求，建立有利的平台。現在讓我們以服裝做例子說明上述觀點。消費者在購買一件衣服的時候，會根據自身的情況和處境，對這三個風險權衡。

1、功能性風險

所謂功能性的風險，就是產品能否滿足消費者對產品的功能性要求，亦即產品能否幫助消費者真正解決一些實際的問題。「我買的這臺電動車能否在我外出的時候滿足遠距離續航？」消費者在購買產品的時候，總會有類似的考慮。

很簡單，如果經濟拮据，自然對產品品質和功能性風險比較重視。所謂的衣服，要麼是沒有足夠的經濟能力，過多地猜想別人的眼光和自己的欲望，要麼是精神上過於高節，根本對物質需求極其簡單，自己本身就對穿什麼衣服更美、戴什麼帽子更漂亮全然無興趣，也不會顧及別人的態度與看法。

比較現實地講，對於消費者來說，如果要去滿足功能性的需要，他會考慮材質是不是夠結實，穿在身上是不是合身，是不是夠舒服，冬天買一件棉襖，穿在身上要暖和，他完全以實用性考慮，卻不太會去顧慮是否符合時尚流行、式樣是否新穎等。

2、社會認同風險

所謂社會認同的風險，是指消費者在購買、使用這一品牌產品的時候，是否被周圍的人們認可，是否不會招致反感、非議或者譏笑，能否讓大家覺得我是屬於這個集體的，使用這一品牌的產品能否幫我建立歸屬感。

在購買一件衣服的時候，消費者如果要取得社會認同，他會去購買一套在他的生活圈子裡能得到大部分人認同的某一品牌的服裝。這個時候考慮的重點是，我穿上這件衣服，別人會怎麼想；辦公室的同事會不會覺得我太土、太不入流，老闆會不會覺得我太瘋、太輕浮，朋友們會不會笑話我太寒酸等等。

3、自我實現風險

所謂自我實現的風險，是指消費者在購買和使用某一產品或品牌的時候，是否能夠造成自己心理的滿足，彰顯飛揚的自我，滿足炫耀的快感，甚至讓自己感覺良好，高人一等。例如我們買一件衣服穿，一方面是要大家看了覺得舒

服，另一方面就是我本人穿在身上是不是感覺良好，它能否滿足我個人的審美取向，能不能表達我的個性。

如果要去滿足自我實現的需要，我會去購買一套式樣獨特的服裝，去買一件自己覺得漂亮的衣服以彰顯個性，而對於這套服裝是否材質很好、做工是稍顯粗糙還是很精緻等不會過分在乎，別人對他穿這件衣服的態度也退居其次 —— 老闆不喜歡沒關係，同事們指指點點也全不理睬，我就是要特別，就是要有個性，我就是我。

可以這樣說，這三個風險與前述三個考量是相互呼應的，三個考量是消費者在評估其需要承擔的風險後的綜合性的決策。只是三個風險比較內在的，是消費者內心深處的顧慮，不大容易外露。

我們不可否認，消費者是聰明的，因為消費者要從口袋裡掏錢買這個東西，他是要冒風險的，他一定算得比誰都清楚。一個產品能滿足他哪方面的需求，能給他提供什麼樣的功能，能滿足他的哪一種心理，他都非常清楚。無論購買動機的出發點是什麼，最終讓消費者內心深處糾結的，應該是如何規避風險。

所以說，作為行銷者，我們要關注的是：消費者購買動機的最大因素必定是這個風險中的任何一個，而這個風險將決定品牌購買理由的定位方向，從產品的物理特點出發，找

出符合特定消費者的心理期望值,並去滿足他們。

偉大的品牌總是立足現實,啟發正面,品牌打造的是基於人性的共同信仰。當人類充滿暴怒,品牌需要賦予快樂;當人類充滿醜陋,品牌需要賦予美好;當人類貪戀食物,品牌需要提供美食;當人類充滿懶惰,品牌需要灌注激勵;當人類充滿貪婪,品牌需要賦予正義。

人類的幸福離不開依賴具體的某事某物,依賴沉浸其中的感覺,因此你會在香菸中愉悅,在品茶中體會禪靜,在美酒中酣醉,在駕駛中感受速度,在咖啡中感受下午時光,在日常生活中感受生命長河!

TIPS:

1. 動機原力:來自消費者內心的心理需求,依據是「馬斯洛需求層次論」
2. 動機原力存在消費者的左右腦裡:從左腦 —— 邏輯思維尋找理性動機原力;從右腦 —— 情感欲望尋找品牌感性動機原力
3. 小動機原力滿足產品需要,大動機原力滿足品牌想要
4. 動機原力要考慮的「三個考量」與「三個風險」

「夫未戰而廟算勝者,得算多也;未戰而廟算不勝者,得算少也。多算勝,少算不勝,而況於無算乎。」

—— 《孫子兵法》

　　這段話是告訴我們在戰爭尚未開始之前，就要進行周密的籌劃。對戰爭雙方各自有利或不利的情況了解得越充分，就越能掌握戰爭的主動權，最終贏得勝利。在品牌行銷的心智攻略中，購買理由是重要的導購策略，也要進行周密的籌劃。我們從消費者的心理出發，在消費者心智貨架中為購買理由定位，借勢動機原力，規劃好商品的購買理由，透過這個理由直達消費者的內心追求，指引他們對品牌分門別類，幫助他們做出選擇，鼓勵他們採取購買行動。

嫁接動機原力，打造購買原因

1. 為什麼需要建立購買理由

消費者購物為什麼需要理由？是因為他們需要一個「因為」。有一個眾所周知的人類行為原則，我們在請別人幫忙的時候，要是能給一個理由，成功的機率會更大。因為人就是單純地喜歡做事有個理由，社會心理學家艾倫·蘭格（Ellen Langer) 透過實驗證明了這點事實：

人們排隊在圖書館裡用影印機，她請別人幫個小忙，她說：「真不好意思，我有 5 頁紙要印。因為時間有點趕，我可以先用影印機嗎？」提出要求並說明理由真是太有用啦：94% 的人答應讓她排在自己前面。她也試過只提要求：「真不好意思，我有 5 頁紙要印。我可以先用影印機嗎？」這麼說的效果就差多了。在這種情況下，只有 60% 的人同意了她的請求。

乍看起來，兩次請求之間的關鍵區別似乎在於，前一次的請求裡給出了額外的訊息，「時間有點趕。」然而，蘭格又嘗試了第三種請求，證明發揮作用的地方不在這裡。奧妙並

非是說明什麼原因的整句話，而在開頭的那個「因為」上。

蘭格的第三輪請求裡並沒有包含一個叫人順從的真正原因，只是用了「因為」，接著便把明顯的事實又重複了一遍。她是這麼說的：「不好意思，我有 5 頁紙要印。我能先用影印機嗎？因為我必須印點東西。」結果，差不多所有人都同意了（93%）——雖說這個請求裡並沒有真正的原因，它沒有補充什麼新的訊息，就說明他們照著蘭格的話去做是合理的。

「因為」這兩個字觸發了蘭格實驗裡受試者們的自動順從反應，即使蘭格根本沒有給他們一個說得通的理由。說出了「因為」這兩個字，受試者們就自動順從了。在品牌行銷中，你也需要一個這樣的「因為」，也就是購買理由，讓消費者不經意間順從你，選購該商品。

行銷是消費者掏錢做出購買行動的決策行為，實質就是你要給出充分的購買理由，在他心中建立一個或者多個採取行動的購買理由，使其難以拒絕、自動完成購物行動。

心理學研究顯示，消費者行動需要正確的刺激。這個正確的刺激便是你給消費者購買理由，讓他們迅速地採取購買行動。通俗地說，商品貴不貴不重要，關鍵是你要給他們買你東西的理由，為什麼你的東西貴，為什麼值得買，你這個理由足夠大，足夠強，就能讓他們買你的商品。

消費者選購某件商品，是一種思想決策行為。你的品牌之所以深植人心，是因為它承載著一個能與消費者產生共鳴的購買理由，你的這個購買理由必然能夠解決人類欲望和現實之間的衝突，同時區別於競爭對手，並代表了核心消費人群內心的欲望所在。其實，這些年在行銷界很多專業人士都對購買理由有所研究，很多企業管理者也在千方百計從品牌展示、產品創意、環境氛圍營造等角度設計購買理由，可以說，對購買理由做再多工作都不為過。

行銷傳播就像一個忙碌的業務員，他可能一次又一次地想進到那個房間去，也可能會被拒之門外，現在他只有一次進去說話的機會，所以必須充分利用這次機會。

這又引出關於訊息簡潔的問題，關於行銷傳播，你應該聽得最多的說法是人們不會讀太多的東西，因為人們的心智模式不允許訊息混亂，儘管如此，大量有效果的廣告顯示，人們還是讀了很多，然後，他們可能還會打電話、或者到店裡了解更多的訊息。

從行銷傳播角度來說，購買理由它是一種心理上的打動機制，在傳播方式上，你要用話語來傳達、來溝通。白話來講，你的購買理由要聚焦到一句話上，這句話一說出，消費者的心就會被觸碰到、被打動。「鑽石恆久遠，一顆永流傳」就是很棒的購買理由，就能打動消費者。

記住，你所面對的消費者都是自私的，就像我們自己一樣，他們不關心你的利益，只會為自己尋求服務。然而，在行銷界忽視這一事實卻是一個普遍存在的錯誤，行銷話術上會說：「買我的牌子吧，買別家不如買我們家的」這是最不受歡迎的表達方式。

行銷傳播就是給顧客所需要的訊息，向使用者講述產品的優點，提供足以打動他們的購買理由。對於一些消耗品或快速消費品，你最好還提供一些試用品、小包裝，這樣顧客就不需要任何代價，不必冒任何風險，就可以驗證你是否履行了你行銷的購買理由與承諾。

有些行銷從業者常常會犯下錯誤 —— 忽視消費者，只顧討論生產方自己的興趣所在，只強調某個牌子，就好像那是很重要的事情一樣。消費者可以誘導，但不會接受你的驅趕，無論他們做什麼，都是為了讓自己高興，如果永遠牢記這一點，我們所犯的錯誤就會少得多。

我們的行銷傳播和銷售人員之間的區別，主要在於接觸人的方式，業務員活生生地站在那裡，希望引起注意，他不可能完全被消費者忽視，而廣告或別的行銷傳播卻很有可能被忽視、被遺忘。

所以，行銷中使用醒目的購買理由標題，其目的就是為了挑選出你能激發起興趣的人，如果你想和人群中的某個人

說話，最快速地吸引起他的注意，你開始也會說：「喂，李總」這樣才能引起那個人的注意。

2. 購買理由建立在共同點與差異點的聯想

差異點聯想：從消費者角度找差異點

購買理由的第一個目標是能不能達成消費者對於商品的獨特認知。也就是說你能不能將同樣的商品賣出不同來，因為，在消費者心智中，品牌的差異化往往代表更好、更優秀。

差異點的定義是品牌的屬性和利益，消費者對這些屬性和利益具有積極、正面的評價，並且根據競爭者品牌無法達到相同的程度。雖然許多不同種類的品牌聯想都可能是差異點，品牌聯想可以從功能、與效能相關或者其他抽象的品牌形象的角度進行大致分類。

你向成千上萬的人展示一個行銷傳播訊息，他們中的一部分人是對你感興趣的對象，抓住這部分的人，撥動他們的心絃。不要以為那些看你行銷訊息的人都會去研究你的產品是不是有意思，他們只在一瞥之間便做出決定 —— 靠你的購買理由標題，你要做的工作是要著眼於你想找尋的那些人，而且只著眼於他們。

成功的品牌必須保持直視目標客戶，專注於他們內心的

渴求與欲望。我們要了解了什麼樣的購買理由對目標客群有最廣泛的訴求，一種產品有很多功能或用途，可以護膚養顏、可以防止疾病，也可以修飾或者清潔。你要精準地找出，哪一種品質是你的大部分消費者最想要的。

在現實生活中，你選擇某某品牌常常取決於你感受到品牌的獨特性聯想。例如，某家居業者是一家集線上模擬設計、個性化定製、免費設計等讓人感到不可思議的特點於一身的家居業者。當客戶想裝飾自己的家時，該業者會派出專門的設計師上門測量勘察，再設計出一套符合客戶住宅的家居擺設方案。

你的品牌差異點可能是效能屬性（如某年 Volvo 在它的旗艦車型中全車配備了 6 個前方氣囊和 18 個側邊氣囊，提高產品的安全效能）或效能利益（如飛利浦電視具有「呵護」的技術特點，比如，電視機上防止藍光的效能，用以保護眼睛）。此外，你的差異點可以來自形象聯想（如古馳品牌的奢侈和地位形象）。

根據麥可波特的競爭策略理論，許多品牌都試圖在「全面優質」基礎上形成差異點，建立差異化策略，另外一些公司則試圖成為產品或服務的「低成本供應商」，以低成本策略建立優勢。

因此，你的品牌可以有多種不同類型的差異點。差異點

通常是基於消費者利益進行定義的，這些利益通常具有重要的潛在「利益點」或信服的理由。這些利益點具有多種形式：可以是功能設計方面的考慮（如獨特的按摩椅系統設計，使之帶來電動按摩椅的舒適）；可以是關鍵屬性（如Volvo工程師發明安全帶，使之具有更加安全的利益）；可以是關鍵成分（如石墨烯，可以幫助導熱）；還可以是重要的背書擔保（如知名廚師推薦鍋具，說明該鍋具能帶來更多的好處）；還可以是服務方面（家電購買者認為耐用性是核心特點，需要判斷耐用性的方法：從消費者報告或其他消費者那裡獲得相關訊息，了解人們對該產品的使用經歷，使用時間要求，較長的保固期，為客戶提供了高品質的資訊。）

總之，從洞察消費者出發，建立具有不可抗拒的利益點和信服的理由，對於你的品牌差異點傳遞至關重要。

共同點聯想：從品牌自身與競爭者間思考共同點

第一種是品類共同點聯想，共同點是你的品牌與其他品牌所共同享有的。

也就是說，那些在某一特定產品大類中消費者認為任何一個合理的、可信任的產品所必須具有的聯想。這些屬性聯想存在於一般產品層次，以及消費者期望產品層次。因此，消費者不會認為你所經營的奢侈品專賣店是真正的奢侈品，除非你能夠提供從銷售訂製到保養維護的一系列服務，提供

產品護理、維修及其他服務,並且有免費保固期。

　　毋庸置疑,為了便於消費者選擇,相同的共同點讓你的品牌與競爭者的品牌出現在一個貨架區域。你是飲料品牌,與飲料品牌放在一起;你是賣化妝品的,放在百貨公司,與很多化妝品牌在一起。

　　為了快速找到購買理由,我們要從自身出發找到品牌支點,並建立起品牌與消費者對應的瞬間聯想。值得注意的是,消費者產生信任的聯想是關鍵,有哪些可信服的事實或證據可以用來作為溝通的支持呢?這些「可信服的購買理由」對於他們是否接受品牌至關重要。

　　品牌的共同點聯想,要考慮到品牌的負面聯想與正面聯想的正反對立性。也就是說,在消費者看來,如果品牌在某一方面突出,那麼就不會在其他方面也表現良好。例如,品牌「廉價」的同時,就很難保品質最優,在某些品牌中並非「物美價廉」。表 2-2 列出了一些反向相關屬性和利益的例子。

表 2-2 反向相關屬性和利益的例子

屬性、利益 A 面——正向	屬性、利益 B 面——反向
低價	高品質
好吃	低能量
營養高	好吃
強勁	精緻
無所不在	獨一無二
多樣化	簡單化
踏實穩健	創新活力

　　第二種是競爭性共同點聯想，即那些用以抵消競爭對手差異點的聯想。

　　如果你的品牌能在其競爭對手企圖建立優勢的地方與之打成平手，而同時又能夠在其他地方取得優勢，那麼你的品牌就會處於一個穩固的、同時也可能是不敗的有力地位。

　　那麼，在實際中品牌購買理由如何建立與競爭對手的差異化？

　　建立競爭優勢的目的是，你必須能發現品牌的顯著性，也就是品牌與眾不同的差異點。是否能夠不斷被強化？如果是答案是肯定的，這個購買理由就可能持續數年，甚至十年。

　　行銷的本質是對客戶的爭奪，當品牌進入多品競爭時，你所面臨的挑戰是如何從購買理由來尋求突破，能找到可實現的、長期的差異點。

　　什麼意思呢，就是說你的購買理由要從品牌自身出發，當然，如果同時具有競爭者品牌的某些關鍵點再好不過了，比如，汽車品牌賓士在強調「尊貴」定位的同時，也具有Volvo「安全」的競爭性共同點，因此，賓士車就建立一個穩固的同時也可能是不敗的競爭地位。從核心購買理由來說，賓士比 Volvo 更勝一籌。

　　當然，你要傾注精力於自己所欲取的目標身上，而非競

爭對手身上！然而，太多的企業卻因為違背了這個基本的法則而失敗！

或許，你會因為顧忌競爭者而徬徨：對手會怎麼模仿我們？我們是別人的對手嗎？讓我們來認真研究競爭者到底怎麼做的？我們也來模仿競爭者的策略吧！結果，被競爭者牽著鼻子走，而忘了行銷的本質 —— 聚焦到目標客戶身上！

比如，對手說 A 點，你跟著說 A 點；對手講 B 點，你迫不及待地講 B 點；對手推出新廣告，於是你認為自己要推出新廣告等等，諸如上述種種表現，都是將決策的依據專注於競爭者上！競爭對手僅僅是參考，我們的說服對象是消費者。

那麼，我們是不是沒必要研究競爭對手了呢？要研究競爭者，但不要被競爭者所左右，別忘了，購買理由的目標永遠是為了俘獲消費者的心！

我來為你整理一下：

共同點的價值重要的在於它能抵消差異點，如果你的特定共同點不能克服一些潛在的缺點，那麼你的差異點甚至無足輕重。例如茶類飲料與碳酸飲料屬於同一種飲料類別，如果都是訴求飲料，必須要講出茶類與碳酸飲料的差異點 —— 具有清熱解渴，才能成為具有說服力的購買理由。

同時，想要建立特定屬性和利益的共同點聯想，你還必

須有足夠數量的消費者認為此品牌在這些方面「足夠好」。
什麼意思呢？例如三星要建立手機拍照的共同點聯想，就要
讓消費者認為三星手機與別的手機相比，優勢在畫素高。

　　我認為，建立共同點比建立差異點更容易，很多品牌都
具有共同點。而成功建立購買理由的關鍵在於你的品牌同時
建立共同點和差異點。

3. 嫁接動機原力為購買理由定位

　　行銷的購買理由若老生常談或者大而無當，就會像小船
划水一樣過後無痕，不會讓消費者有什麼深刻的印象 —— 說
「我是最好的」、「我是最棒的」、「史上價格最低的」等等，
充其量不過是在說些消費者意料之中的話，往往沒有什麼價
值，除了表明你的表達很隨意，甚至有些誇大其詞之外，還
會讓他們對你所做的任何說明都半信半疑。

　　當商品在貨架上跟購物者溝通時，事實上是要我們給購
物者一個選購該品牌的購買理由。

　　那麼，應該如何考慮這個購買理由呢？

　　首先，建立購買理由之前先要進行購買理由定位。

　　談到定位，我來談談影響商業界數十年的「定位理
論」。該理論由艾爾・賴茲和傑克・屈特所提出，該理論將行
銷、產品、生產和企業的出發點拉回了原點，也就是消費者

的需求點，它讓企業家用策略的眼光了解企業是要做消費者心智中的企業，這無疑是行銷理論的一大進步。定位理論指向的心智稀缺，人的大腦只會記憶有限的訊息，而且有選擇性地記憶，不要試圖改變人們的心智（由《定位》（*Positioning: The Battle for Your Mind*）提出的心智原理），因為我們的心智討厭混亂，所以才會追求安全感和穩定性。

　　購買理由定位的基於定位理論原理，即「確定在預期客戶頭腦裡的位置」，去操控消費者心智中已經存在的認知，在消費者心智空間中找到有利位置，去重組已存在的關聯認知。

　　因此，使你的品牌在消費者心目中獲得一個占據心智貨架的位置，並占有一席之地，這是不可忽略的程式。從長遠來看，你品牌的購買理由所占據的心智就有機會形成品牌競爭優勢，驅動品牌持續性銷售。

　　按照心理學家喬治·米勒（George Miller）的說法，消費者的心智如同琳瑯滿目的商品陳列中的貨架，每個商品都有一個「貨架格子」。每個「商品」都根據「分類」上的品牌名字被放入「貨架格子」中。如無適合「商品」的「貨架格子」，「分類」就被歸到無法被購入的一堆商品中。

　　消費者心智貨架中每個分類都有一個格子。如果格子的名字為「茶類」，那麼這個格子屬於茶類品牌。如果格子的

名字為「可樂」，那麼這個格子屬於可樂碳酸飲料類品牌。

喬治 · 米勒認為，人的心裡記憶只能記憶 7 個分類訊息，消費者的心裡記憶如同「抽屜」中的歸類箱，「訊號」遞送至抽屜，每個名字都有一個「格子」，每類抽屜只能記住 7 個訊號。更殘酷的是，據相關資料顯示：「人類的心智儲存數量最多是 7 個，而現在只有 3 個，在行動網路時代則更少，只有 3 個，或 2 個、1 個。」

在消費者的心智貨架上，首先是要分類、歸類到一塊。這個在後面章節會詳細講。

例如，世界第一高的山峰是哪座？毋庸置疑，人人皆知是聖母峰，那麼，第二高峰呢？第三高峰呢？猜想至少有百分之八十的人不記得。

因此，大多數人只能記住第一名，勉強記住第二名，最多記得第三名，第四、第五名很少有人記得。在品牌世界也一樣，你只會記住很少的同一品類產品，例如，可樂類，可口可樂與百事可樂；速食類，肯德基與麥當勞。

我要說的是，這裡的心智儲存數量不只是類型，還有包括品種，以及具有情感、特性的品牌。在消費者的心智貨架中建立的購買理由應該領導產品，它可以是一個指南針，將它的針尖指向消費者滿意的方向。

購買理由的根本意旨，就是要在消費者的心智中為自己

的品牌找到一個或多個恰當的理由。品牌如何鑽進消費者大腦，首先靠的就是購買理由定位。購買理由定位好比是品牌與顧客心智對接並鎖定心靈記憶的那把「鎖」，藉由概念表達本質，沒有購買理由定位，就無從談購買理由。

要定位，當然離不開座標軸，我們以「理性動機、感性動機」的需求層次為橫座標，以「傳統、現代」的消費者感知為縱座標為購買理由定位。

（一）以「理性動機與感性動機」為定位的橫座標

從「理性動機原力」為購買理由定位

在消費者購物行為中，當消費者的利益要求，是由產品功能所驅動，偏重左腦理性邏輯思維認真考慮之後才決定的消費方式，我們將其稱之為「理性動機」。

理性動機原力立足產品的功能價值，滿足消費者的功能需求，如產品品質、經濟、價值、包裝、價格或效能等方面的理性訊息，消費者正是出於對廠商的信任、產品的效能、品質、價格這些著眼點才予以選擇的商品，則是理性決策購買的商品。

也就是說，理性動機原力主要來自產品的品類與品種，要搞清楚這個原力怎麼發生作用，就要看看品類與品種的哪些功能利益，能解決消費者什麼樣的問題。

首先，我們看看產品的品類。什麼叫品類呢？例如你是

賣飲料的，飲料的功能就是解渴，有個這個功能，你的品類就是飲料，礦泉水能解渴是飲料，可樂能解渴是飲料，綠茶能解渴是飲料，啤酒能解渴也是飲料。

當一個商品列進一個品類裡的時候，商品要滿足這個品類的屬性，飲料具備解渴的功效，必須是液態的形態。品類價值是你的商品能站到貨架上，進入消費者選擇的第一個基礎，有了這個基礎，你得到了一個和其他飲料站到一起的展示機會。

品類思考，品牌表達。其實，品類是產品的第一個產業分類特徵，是個大類，例如，以飲料為大類，水和有味道的飲料；水和有味道的飲料又包括非酒精飲料和酒精飲料；酒精飲料又包括紅酒、啤酒、輕度雞尾酒等。品類成就的是超級大品牌，誰搶占了品類第一的定位，誰就成為大品牌，甚至是超級品牌。飲料的市場老大，家電的市場老大，盥洗用品的市場老大，一定都是大品牌。

品類是消費者心智中所既有的，圍繞產品最基本的功能去討論品類，你會發現品類的缺陷 —— 由於競爭激烈，品類都有產業老大、老二，很多品牌陷於紅海的多品類競爭困境。

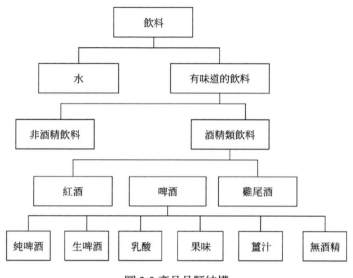

圖 2-2 產品品類結構

　　其次，我們再來看看產品的第二個功能性價值——品種。

　　如果你口渴去超市買解渴的飲品，找到飲品的品類區域的啤酒飲料，顯然你會根據上述產品的品種來選，比如，要新鮮，選擇生啤酒；口感好，選擇果味的；為了安全，選擇無酒精的等等，「生啤酒、果味、無酒精」這一層就是品種價值，也才是你的購買理由。

　　品種是產品的另一個差異化功能價值，是品類價值的下一個層級，是品類是競爭引起的必然趨勢，當品類競爭激烈，我們可以從產品的「品種」上需求突破。例如，「防蛀

牙」想起了高露潔，「治療喉嚨痛」想起了廣東苷藥粉，這才是它的品種價值。

我認為，未來將有越來越多的商品從品種價值上取得發展空間。

從「感性動機原力」為購買理由定位

一個有趣的現象是：「產品是否能夠獲得市場上消費者的認可，根本上是由產品的價值所滿足的消費者需求決定的，而不是由我們認為的產品功能決定的。」那麼產品價值所滿足的消費者需求又是如何左右產品的市場命運的呢？

在消費者購物行為中，若你的品牌是試圖激發幽默、熱愛、驕傲、高興等心理感受感情，恰好滿足了消費者的利益要求，以促使其購買，偏重由右腦控制「跟著感覺走」的消費方式，我們將該購買理由稱之為「感性動機」。

消費者正是出於「合乎自己的感覺」、「流行」、「氣氛」、「愉悅」、「印象」這些著眼點才予以選擇購買的商品，則是感性商品，如電影、香水、禮品等等。

與品類、品種所強調產品功能的理性動機原力不一樣的是，感性動機原力注重的是這個品牌具有哪些特徵、個性，其所提供的某種情感價值，能解決消費者的需求欲望問題。

以汽車為例，和其他的車比起來，這輛車有什麼利益點能解決你所需要的情感需求，才是你的購買理由。通俗地

講，就是跟著感覺走。

　　我們去買車，汽車業務員經常這樣介紹：「這部車源自德國，外觀很時尚，動力很強勁，內裝很棒，科技感很炫」諸如此類的。其實，當業務員這樣去描述汽車，是在說這個車的功能價值（品類價值或品種價值）。這也是作為一個合格的汽車本來就應該有的。當越野車作為一個品類，越野車的牌子其實是很多的，四輪驅動、城市越野等等，這是一個大類，品類只能讓你選擇一個大區域範圍。此時德系車是品種的一個代表，相同的德系車也很多，通用、福特、凱迪拉克等都有越野車產品，從這個品種也很難給出充分的購買理由。

　　情感就很簡單，如果你希望這輛車給你很「安全」的感覺，那就選 Volvo，因 Volvo 的情感價值是「安全」；同理可知，你希望這輛車有很好的「駕駛樂趣」，那就選 BMW；你希望這輛車受人「尊貴」，那就選賓士。安全、駕駛樂趣、尊貴就是你所需要的情感，這個是非理性的，是品牌行銷者所塑造出來的。

　　我來總結一下，感性動機原力的觸發點立足情感價值，滿足的是消費者想要的欲望。

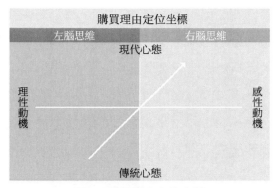

圖 2-3 購買理由定位座標

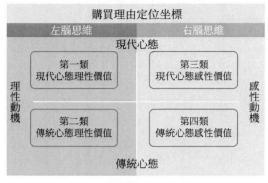

圖 2-4 購賣理由定位座標

（二）以「傳統與現代」為定位的縱座標

為了精準地為購買理由定位，我從消費者心智中找到了「傳統與現代（時尚）」兩個反向的消費心態，列為定位的縱座標。

第一、傳統消費心態：受傳統文化下的影響，消費者在購買某商品時，內心裡買的是這個商品「傳統」的一面。例

如，消費者購買中藥，就相信老中醫，因為老中醫具備很好的傳承，這個是個傳統。再比如，喝紅茶為什麼要喝古早味紅茶，就是因為這個紅茶秉承傳統，是傳統口味。

消費者所感知的這個「傳統」其實也是存在文化主體意識中的文化原力，也就是說消費者購買商品是從自身的文化，來感知傳統的。例如台南人喜歡吃甜的，則不喜歡經常吃辣。

第二、現代消費心態：隨著科技進步，生活水準的提高，消費者在購買某商品的時候，注重它的「現代（時尚）」一面。例如，消費者要買手錶，就相信國外的手錶，尤其是瑞士的，手錶的科技與工藝最好的是在產地國瑞士。所以對於一些具有科技類產品、時尚類產品，消費者要感知的是「現代」感或時尚感。

我要說的是，「傳統與現代（時尚）」兩個反向的消費感知，很多「傳統」商品可以經過現代工藝，可以成為「現代」感十足的商品。此外「傳統」商品，也深受新一代消費者的青睞。

比較典型的「傳統與現代（時尚）」購買理由定位有：可口可樂代表了傳統文化的「正宗的可樂」；而百事可樂則用代表了新消費文化「年輕一代的可樂」定位與其針鋒相對。

需要注意的是，傳統與現代是消費心態，同一個消費者購買不同的產品有著不同的心態。與「理性動機與感性動機」的橫座標結合，可以得出品牌的「座標」購買理由定位，即：「第一類現代心態理性價值，第二類傳統心態理性價值，第三類現代心態感性價值，第四類傳統心態感性價值。」如圖所示。

4. 嫁接動機原力，建立三個購買理由

（一）嫁接「理性動機原力」建立購買理由

探究消費者心智，可以發現，產品的核心利益與功能，都能成為該品牌的購買理由。正是消費者對核心價值的關注與推動，從而產生一個新品種 —— 新「物種」，新「體驗」。

基於品種價值嫁接「理性動機原力」的購買理由，其核心是要塑造品牌的「專業」認知。

品種價值偏重以左腦的認知。左腦的理性思維，為消費者帶來更多的邏輯分析，例如精於計算、推理、思辨，在購買決策中，以致掌控商品的功能、價格、健康、實用、性價比。偏重左腦行銷，你必須正面且自信的給一個「為什麼」購買你的產品的合理邏輯釋義，支撐購買理由要達到三點要求：

第二章　尋找動機原力

　　第一點、憑：憑什麼，你必須給消費者功能性的購買理由，有產品優勢對比，列出 1、2、3 來，說服消費者；

　　第二點、專：夠專一，為了專業，你最好成為某個領域的專家，長期聚集該購買理由，並成為專一、專業的聚焦行銷傳播策略；

　　第三點、獨：獨家所有，競爭者並未占據這一功能，別人無你有的獨特祕方、獨特功能等都是合乎邏輯思維。

　　嫁接理性動機原力的購買理由，一般人都會接受明確的說明，實際的數字一般會受到認真地對待，而且你所談到的事實要有分量和實際效力。無論是對行銷創意還是對人員直銷，論點的力度常常會因為具體的陳述而得到強化，如果說你的手機比另外一種手機更適合拍照，別人可能還會有些懷疑，但是如果你用數字來說明（如是某某手機的 5 倍畫素），人們就會覺得你做過測試和認真的比較。

　　品種價值是指你的品牌要從商品的功能出發為消費者解決問題。品種價值是基於物理上的解釋；功能性的說明；價格的抉擇；口味的抉擇……這類需求看似簡單，但牽涉到消費者的購買決策行為，往往會有優先次序的排列。

　　如果你用功能利益去引起消費者的行動，購買理由應該講述一個比較全面的支撐點。在嫁接理性動機原力時，你需要的是洞察，以及更深入地了解消費者的購買需求

（二）嫁接「感性動機原力」上建立購買理由

　　情感造就情感價值，情感讓品牌溢價。精神上的認知遠比實際內容來得清晰有力，情感價值往往高於實際價值，這個特性在品牌中被廣泛運用。將某一感覺附加到你的品牌上，就建構了品牌被消費者認知的高速公路。

　　基於情感價值嫁接「感性動機原力」的購買理由，其核心是要塑造品牌的「唯一」。

　　感性動機偏重消費者的右腦感性思維，善於調和情緒、有愛、富有同理心，為消費者帶來更多的欲望。在購買行為中，以致掌控商品的價值、情緒、藝術、浪漫。在右腦傳播區域的購買理由要想脫穎而出，你必須持久且自信的傳播「我代表什麼？」同時要達到三點要求：

1. 準：夠精準。品牌越來越成為一對一的溝通方式，大眾品牌傳播的基礎需要找到更小的入口，將你的市場切割為小眾市場，這樣你的品牌更容易找到共鳴點，才夠精準。

2. 情：有情感。情緒導致感知，感知引發行動，做品牌就是產品與消費者戀愛的過程，你賦予商品什麼樣的情感，消費者就會對你的品牌有什麼樣的感知。

3. 特：有特點。特點是品牌給予消費者重要的體驗，在網路時代的品牌論，也成為品牌論的新起點。

此外，新、奇、怪、美等也是不錯的品性特點，這其實就是品牌背後的運作機制，你的很多習慣不會輕易被改變，改變的往往是你的感覺，改變的是你的認知。

星巴克咖啡創辦人霍華‧舒茲（Howard Schultz）說過：「顧客必須認知到你的代表性。」對於有些產品而言，情感可以成為你的代表。品牌感性特徵是你的商品重要的個性，就像每個人是各種性格的混合體，但是只有一種性格令人與眾不同，才能形成強烈的認知。愛因斯坦的「智慧」、瑪莉蓮夢露的「性感」、奧黛莉赫本的「優雅」、卓別林的「幽默」，正是他們最鮮明的特徵。

品牌是以情感方式將滿足同樣需求的其他產品或服務區別開來的產品或服務，這些差別展現在象徵性、感性方面，解決消費者的欲望。嫁接感性動機原力可以為購買理由指明新方向。

當你購買和使用商品在很多情況下是為了追求一種情感上的滿足，或自我形象的展現。當某種商品能夠滿足你的某些心理需要或充分表現其自我形象時，它在你心目中的價值可能遠遠超出商品本身。也因此，情感原力在新時代行銷中得以誕生，在今天更是得以蓬勃發展。

建構購買理由的金字塔

眾所周知，人類的思維包括理性推導的部分，也包含感

性情緒的部分。我們在購買一件商品的時候，通常都要透過理性的思考來判斷，究竟哪一件商品在功能上更能夠滿足自己的需求，而對於同樣功能的兩件商品，我們則會透過自己的感性認知來決定自己更喜歡哪一個，更傾向於選擇哪一個。哪一個更契合自己的氣質與涵養，哪一個更容易使自己產生情感上的共鳴。

甚至，我們會因為情感上的傾向而放棄一些在功能要求上的堅持。很顯然，和我們關係最好的那個朋友，往往並不是經過理性的推理與論證而確定出的綜合素養最好的那一個，而是那些比較符合自己的脾氣秉性、共同經歷過一些事情和自己發生過情感上的互動的人。

我認為，建立購買理由同時兼任理性層面或感性層面，不能僅侷限在某一個方面，既要講究左腦的科學又要考慮右腦的藝術，即透過嚴謹的調查研究，而不是個人的主見和想當然，又要遵守大腦思考的特點，在天馬行空的思想裡尋求創意。

從行銷角度來看，品牌之爭就是話語權之爭，其實質詞彙之爭，所購買理由需要直指人心的、強而有力的詞彙——「打造獨特而深刻的購買詞彙」，話語權是掌握輿論的權力，大腦記憶空間的有限性和時間的有限性，同時也具有排他性。當詞彙占據了消費者的大腦，品牌就成為消費者的首選，並建立品牌壁壘。

　　所以，購買理由儲存於人們大腦記憶中，是一個個鮮活、清晰而獨特的核心詞彙概念；它賦予品牌價值，成為有說服力的購買因素；它是把刻刀，將品牌印記刻入消費者的大腦。

　　關於購買理由到底是簡單好，還是豐富些好，我認為：購買理由不能過於簡單，購買理由要更立體，這樣才有說服力。在建立購買理由的環節，嫁接動機原力，不僅要有核心購買理由、次級購買理由，還要有支撐理由，讓消費者清清楚楚、明明白白。圍繞購買理由定位，我們可以梳理出「核心購買理由、次級購買理由和支撐購買理由價值」的購買理由金字塔。如圖 2-5 所示。

圖 2-5 購買理由金字塔

　　通常，一個購買理由所能獲得的所有回報就在於它是否能引起想要吸引的那部分讀者的注意力。同一個行銷傳播訊

息，如果你選用了不同的購買理由標題，它的回饋也會有巨大的差異，只在購買理由標題上做個修改就會使回報增加好幾倍，甚至更多。所以你要不斷地比較購買理由標題，直到你確信什麼樣的購買理由訴求可以得到最好的結果。

有的購買理由為了簡單，一次僅表現一個訴求點，在快速的傳播中的確具有很大的記憶優勢。可是，如此在一定的視野範圍內，一旦你的訊息引起了某個人的注意，你就要利用這個機會實現你對他的所有期望，把所有的購買理由都給他，要涉及主題的各個方面。這個事實能說服這部分人，而另外一個事實能說服其他一些人，省略了任何一個事實，就會失去說服某一部分人的機會。

行銷很多情況下是心理戰，做更多的嘗試、測試，才能知道哪些理由是打動消費者的，這樣才會收穫更多消費者。無論是嫁接哪一種動機原力，你的行銷方式要盡可能地表達豐富，語焉不詳的購買理由很難取得很好的效果，也不會取得很好的效果。

根據購買理由的實際效果，有多個訴求點就會對更大一部分人有吸引力，因此，你就要在針對那部分人的每一個行銷中表現所有這些的訴求點。

在購買理由簡潔的這個問題上，沒有固定的教條，你可以用一句話就講述一個完整的購買理由。所以產品也是如

此，若一位家庭主婦已經多年習慣使用某個品牌的洗衣精、醬油、醋，如果你想讓她用另外的品牌，這種行為改變將會很困難。如果你是新品，經過一段時間你就會發現，她不會因為你說一句就夠了，就願意買你的產品，也不會在行銷中僅僅說一個名稱、一個訴求點或者做自我的吹噓。

TIPS：

1. 行銷為什麼需要一個購買理由，因為它是一種心理上的打動機制

2. 購買理由定位存在消費者心智貨架中，心智貨架指引消費者分門別類。

3. 購買理由建立在產業的共同點與消費者的差異點的聯想上

4. 嫁接理性動機與感性動機的原力為購買理由定位，建立三階級購買理由

第三章　尋找文化原力

「文化表述由意識形態，神話和文化密碼構成。意識形態是一種觀念，與直接的銷售主張不同，是透過文化表述的各個層次，使消費者得以體驗。神話是有教育意義的故事，它透露出意識形態。所有的大眾文化表述，無論電影，店面招牌，還是包裝圖文設計，都依賴於其意義早已在文化中被歷史性地確立下來的那些元素。」

—— 《文化策略》書中談到

文化原力作為意識形態的表達方式，是行銷傳播中購買指令的密碼，它為品牌行銷提供了一個重要的溝通路徑，是接通消費者的導火線。人類千百年來累積而來的符號創意、戲劇化、故事、儀式活動等文化意識形態，成為購買指令創意最強大的文化原力。

文化原力的來源

1. 文化原力：來自消費者集體潛意識的原始意象

　　毋庸置疑，行銷傳播的成功與否取決於諸如訊息本質、受眾解讀以及接收環境等因素。同時，接收者對訊息來源以及用來傳遞訊息的媒介的相應感知也會影響傳播效果。前面所講的購買理由是商品的充分條件，並不是充分必要條件，也就是說，商品有了購買理由還不足以形成銷售促進，還需要一個讓指引他們快速做出購買決策、採取購買行動的購買指令。

　　不同受眾會對文字、影像、聲音以及色彩賦予不同的購買指令含義，並且解讀也會相應發生變化。因此，為了使得我們傳播的購買指令被消費者所準確理解，品牌商必須理解文字或符號代表的意義，以及它們將如何影響消費者對產品與訊息的解讀。這就要求我們的訊息要建立在文化主體意識之上。

　　廣告界存在一個有趣的事實，很多廣告人都曾經是神學家或牧師，最先創辦現代化廣告公司的艾耶（Francis Ayer）

在從事廣告之前是個牧師，著名廣告狂人霍普金斯（Claude Hopkins）曾是神學家。這與榮格「原型理論」的神話思想不謀而合，「原型理論」中的文學原型就是神話，神話是一種形式結構的模型，各種文學類型無不是神話的延續和演變。

　　榮格認為，每個人的心裡都有一套感知原型概念的系統，這些原型意象具有共通的本質，它們以神話元素在世界各地的形式或形象中展現，同時也是每個個人身上源自集體潛意識的產物。榮格所描述的「集體潛意識」主要內容就是「原型」。所謂原型是「一種從不可計數的千百年來人類祖先經驗的沉積物，一種每一世紀僅增加極小極小變化和差異的史前社會生活的回聲」，是透過人類祖先在漫長的實踐活動中，保留在人類精神中的「種族記憶」或「原始意象」。

　　這些「原始意象」，以原始的意識形態一直存在於人類母體文化之中，例如黑色與黃色相間的顏色，被稱之為警惕色，被應用於交通以及危險物體上，以造成警示作用。其實黑色與黃色的「原始意象」是人類潛意識中對蜜蜂、老虎動物具有這兩個顏色 —— 黑色與黃色的恐懼和警惕。同樣的，馬路上的白色線條被運用到人行道，稱之為「斑馬線」，就是運用了斑馬對於人類是安全的「原始意象」。

　　畢卡索是二十世紀最偉大的藝術家，因為他表達自己關

於現實的奇妙認知時，其靈感可以來自於古代的藝術，來自與非洲和大洋洲的土著藝術，來源於古代伊比利的祖先們，來自於他所經歷的文化原力。

原型理論的意識形態已經滲透到很多領域，如電影藝術創作，居於創作最核心的是原型，是一部電影的根源、精神和情感，潛藏在作為藝術表象存在的電影背後，在每一個把自己的心靈都投射進去的人（或者創作者，或者觀眾）的心中，這種「內在」原型在電影藝術表現中外化為主題、敘事模式、人物形象、鏡頭造型等等。

藝術家有敏銳的直覺和天賦，可以把握這種意向，把它們從潛意識的深淵發掘出來，賦予意識的價值，並經過轉化使之能為同時代人的心靈所理解和接受，文化原力能夠發出比每一個個體強烈得多的聲音，往往能產生一千倍、一萬倍的力量。

文化人類學家克洛泰爾・拉帕耶（Clotaire Rapaille）著有《文化密碼》（*The Culture Code: An Ingenious Way to Understand Why People Around the World Live and Buy as They Do*）一書，其中就應用文化密碼（文化原力）的方法來進行市場調查，例如關於克萊斯勒吉普車，他透過問被調查者關於吉普車的最早記憶，那些人提供了幾百個關於吉普車的故事，從消費者關於吉普車的原始記憶，拉帕耶將吉普車的

文化密碼提煉為「馬」，馬象徵著力量與自由。

可以說，拉帕耶已經在某種程度上使用文化原力，在消費者腦海中關於吉普車的記憶或者關於「馬」的記憶裡有一部分是種族記憶或原始意向，它不受個人意識所控制。

文化原力來源於人類的原始意識形態，它展現了人類集體的文學想像，又往往表現為一些相當有限而且不斷重複的模式或程式，蘊藏著巨大的能量，為品牌行銷創意開啟了一個「天窗」。

我的觀點是，人類戲劇就是不斷循環往復的，百年來人類祖先經驗累積而來的意識形態 —— 符號創意、戲劇化、故事、儀式活動和團體部落，就是購買指令創意最強大的文化原力。

2. 文化原力包括哪些？

在人類文化長河之中，無論是菸、酒、茶、咖啡，還是時尚潮品，都離不開人類所依附的意識形態（文化主體意識）。

文化是建構在物質基礎上，產品做到主流範疇的標準之後，再做文化的區隔，更好文化表述也是身分認同的關鍵，是關於歸屬感、認同感以及身分地位的最基本的素材。無論文化，觀念還是商品都是先模仿再進行的，大規模生產時代

遠去，消費開始由模仿與時尚規則主導，商品從小眾到流行的過程也是文化概念普及的過程，這些文化概念都建立在意識形態裡。

意識形態包括傳統文化與衍生文化，所有的商品孕育於文化母體之下，源於傳統文化商品，我們稱之為「品牌寄生」，另一類脫胎於傳統文化的新興文化（衍生文化），在此基礎上衍生出來的新興商品，稱之為「品牌衍生」。

品牌寄生在傳統文化的意識形態裡，稱之為傳統文化原力。品牌寄生在新文化的意識形態裡，稱之為衍生文化原力。因此，文化原力包括傳統文化原力與衍生文化原力。

先來看看東方傳統文化原力。

一說到東方文化，人們往往被慣性所誤導，似乎一部部浩瀚的歷史鉅著才代表東方文化，好像沒讀過《論語》、沒學過《易經》的人就不配談東方文化，沒有通讀《史記》的人就不懂東方文化！

如果文化說不清楚，或者需要透過歷史鉅著才能說清楚，那就不是主體文化。即使是，也只是小眾文化，而非人民大眾的文化，而脫離了廣泛人民大眾的文化，就不是意義上的傳統文化。

東方文化一定是老百姓都知道的文化，可老百姓的文化就是浩繁複雜的嗎？老百姓的文化一定是簡單易行的，一定

是廣泛根植於老百姓的日常生活行為中的，一定是不論貧富貴賤、不論男女老少都從心裡認同並遵循著的東西。

對於老百姓來說，文學文化才是他們所感興趣的，例如，孫悟空、豬八戒、關公、諸葛亮等就是文化；大鬧天宮、嫦娥奔月、草船借箭就是文化；八仙過海、三十六計就是文化；「一寸光陰一寸金，寸金難買寸光陰」等俗語就是文化；祭孔大典、國慶節日慶典也是文化；春節、元宵節、端午節、中秋節等節日也是文化。

中庸之道的價值觀影響下，和成為人們認同的為人處世理念，「和」是東方哲學中一個很重要的概念，用現在的話就是「和諧」的意思。「和」本身已經包含了「合」的意思，就是由相和的事物融合而產生新事物。留下了和諧、和氣、和睦、和滿、和為貴等絕妙詞語。

「福」自古以來就是東方人的一種偉大信仰與不懈追求，是幾千年的中華文明最樸實的根基，弘揚福文化，就是要使福文化在亞洲乃至世界文化中成為東方文化最醒目的象徵。人們自古以來就有祈福、崇福、送福等與福有關的活動，我們能從大量的典故、吉語、民俗等福文化之中窺其繁榮之一二。

無酒不成席，可見酒在我們生活的地位多重要了。「酒」文化可以說是源遠流長，自杜康造酒開始，已經有幾千年的

歷史了。經過不斷的發展演變，很早就形成一套酒文化。也留下來了從「酒逢知己千杯少；知音不在千杯酒」的文辭，到「我乾杯，你隨意」等順口俗語。

從傳統文化來看，亞洲消費者也有獨特的文化價值觀，這些價值觀流淌在你我的文化主體意識裡。品牌寄生在文化主體意識裡，對於我們做品牌來說，運用好這些文化，就能形成巨大的勢能、巨大的原力。

再來看看新一代的新興文化

歷史的車輪總是不停往前走，經濟全球化，世界夷為平地，世界技術融合發展，在科技發展下，新的生產力帶來了新的消費文化，新的工業文化催生了與大眾文化不同的新文化 —— 菁英文化，主要表現為手錶、電視、手機、包包、汽車等商品登上生活的舞台。

如果你想千方百計地推出新品牌，最有效的辦法是觀察流行趨勢的發展，發現被創造出來的新需求，然後，在適當的時機提供服務，滿足這些要求。ZARA 就是成功的案例之一，每一年的流行時尚或趨勢都會帶出很多新生事物，你可以在它們的身上一試身手，培育鑽石首飾就是成功的案例之一。

「潛意識是握有非自主功能、情緒和習慣的軟體。你大部分的習慣和情緒反應，在年幼時已經寫入程式，那時你

根本不夠成熟，沒有過濾能力。許多程式通常由父母、師長、同伴、電視和最近風行的電腦遊戲等隨機寫入。」《潛意識》（*The Subconscious*）作者奧里森·斯威特·馬登（Orison Swett Marden）如是說。

這句話的意思就是說，我們現在的潛意識是年幼時形成的。

相比五、六年級生小時候玩泥巴，抓泥鰍，做彈弓；現在的小朋友打電腦、玩手機遊戲、玩無人機等等。不同時代的人，必定形成不同的潛意識。

當文化全球化，人類生活的戲劇也在發生變化，變得豐富多彩，各種世界各地的外來戲劇、儀式互相交融，求同存異，個性文化融入了我們的生活。例如，西方的街舞、情人節、萬聖節、聖誕節，西餐，西式婚禮等等被引進，巧克力、鑽戒、紅酒、西裝等商品也被大眾所接受。

文化原力是一種無窮無盡的資源，始終在那裡等待著你發現，將其轉換為新的創意。在全球背景之下，未來，小眾文化下會衍生出來不一樣的新興文化 —— 菁英文化與個性文化。

我們相當程度上是根據別人的印象、根據流行的口味來判斷事物，我們都隨流行，所以，在行銷傳播中，最有效的方法就是抓住主體文化的潮流。

　　總之，一個偉大的品牌應該瞄準與文化直覺能夠引發爆炸性效果的某種連繫。這樣才能點燃某種神奇的力量，進入文化的領域。

3. 文化原力創意購買指令的三大標準

購買指令要嫁接文化原力

問：為什麼要做創意？

答：做創意不是為了創意，而是為了品牌行銷

問：做創意最需要注意的是什麼？

答：當然是與消費者達成情感共鳴，不能達成共鳴，說什麼都沒有用

問：有沒有有效達成情感共鳴的好方法？

答：有，答案就是要到消費者大腦裡去尋找。

　　在今天，商品同質化的時代，要打造一個與眾不同的品牌，首先要先假設如果脫離了產品的工具價值，你是否是一個獨一無二的、不可或缺的品牌 ── 依靠非商品的工具價值而創造的價值。

　　基於文化原力其觸發點來自人性，來自時間的累積，來自經驗，來自常識，來自人們成千百年以來各種訊息的累積。因此，一旦發動潛意識，就可以啟用原力。

　　可以明確的是，品牌的購買指令作用於消費者的心智模

式。心智模式是指深植於人們心中關於自己、別人、組織及周圍每個層面的假設、形象和故事，它深受習慣思維、定勢思維、已有知識的侷限，是人們一種習以為常、理所當然的認知。

品牌，生長在消費者的心智中，寄生在文化主體意識裡。因此，購買指令並非是無中生有造出來，而是需從文化母體中挖掘出來的。

改變人們認知的習慣就是改變人們的心智，是非常昂貴的，涉及此類問題的商品應該慎重考慮，要想把辣椒醬賣給美國人，首先就要讓他們養成吃辣椒的習慣，成本會是巨大的，儘管如此，還是有無數的品牌廠商想做這種幾乎不可能的事情，就因為他們忽視當地的主體文化意識的影響。

從消費者已知的大腦中去尋找創意，不僅快捷、有效，也是尋找購買指令的不二之選。創意就是權力，購買指令創意是將購買理由轉化為購買指令的活化過程，最為重要的是嫁接文化原力。

購買指令要保持簡單

世界上所有學問的最偉大共同特徵是什麼？就是將複雜的東西簡單化，簡單！簡單！還是簡單！越本質的東西就越簡單，簡單是一種能力。

愛默生（Ralph Emerson）曾言：「沒有比偉大更簡單的

事了，確實，做到簡單就是成就偉大。」

越本質的東西越簡單，也越常用。如果複雜，就不是本質。不管事物多複雜，核心根本只有一個，這個就是本質，找到它，然後在本質上下功夫。越本質的東西越讓人成長，也越讓人進步，購買指令創意就應該是簡單的。

心理學研究顯示，消費者的注意力有限，只能記得有限的訊息，任何複雜問題的解決方法其本質都是簡單的，因此你設計的購買指令務必要簡單、足夠簡單，並且保持簡單。

簡單和直接的創意遠遠比複雜的計畫更具有效果，與其在複雜的計畫方面勝過對手，你還不如設法在簡單的創意方面永遠走在對手的前面。

簡單就是聚集問題本身。沒有簡單，問題就不能聚焦，再強大的太陽光，不能聚焦也不能穿過一張薄紙，而聚焦的太陽光則可以點燃蠟燭，更聚焦的極光更是可以切割堅硬的鋼鐵。

著名雕塑家羅丹（Auguste Rodin）說過：「完美就是去掉一切多餘的東西。」

購買指令的創意就是去蕪存菁的過程。一個詞語、一句話，就可以定位一個心智；一個圖形符號，就可以啟用消費者的購買欲望；而往往最簡單的訊息，才是最有力量的購買指令。

複雜的語言會矇蔽人們的心智。當你在進行創意時，你

的購買指令就是盡量簡化訊息，越簡潔越好，要濃縮到盡可能最小體積，做到極致簡單，成為最簡練的符號就能占領消費者心智最好。

購買指令要創造一種情緒

人類從誕生以來就是受感性驅使的動物，所做出的一切行為都是為了獲得快樂或避開痛苦。卡內基所言：「與別人交往時要記住，你不是與邏輯動物交往，而是與有情緒的人交往。」

情緒是激發你熱情、敦促行動的催化劑。我們依據情緒採取行動，因為我們從內心深處認為自己會更幸福，更滿足，更安全，更時髦，更成功，更受人尊重。另一方面，情緒則會引起一些消極情緒和反應。我們要盡量避免受到傷害、斥責、輕視，避免處境尷尬、被人拒絕、受人利用、滿心不悅，避免任何有可能嚇到或傷害我們的一切消極因素。

在行銷中，你要養成隨時隨地去思考行銷話題、行銷切入點的習慣。比如你今天趕路時的著急、焦慮是一種常見的情緒，我們今天看到的百分之七十是情緒，百分之三十是訊息。那麼作為做品牌商如何利用這種情緒？

麥當勞 ── 「I'm lovin' it」

巴黎萊雅 ── 「因為你值得」

Nike ── 「Just do it」

　　這些深入人心的句子一瞬間就撥動你的情緒，開啟你的心扉，「情緒」一直是行銷的強大武器，百分之七十的購買是基於「感性的情緒」而不是「理性的邏輯」。你所產生購買行為的過程，無非就是在某個環境下，被商品訊息的購買指令的情緒所打動。

　　消費更新的趨勢下，大量的更新產品湧現出來，每一個品類都有很多高品質的東西。過去你的購買指令，只要強調產品某一項好就可以了，現在除了這些還要再加一項條件，用另一個因素 ── 情緒去吸引你的消費者。

TIPS：

1. 文化原力：來自消費者集體潛意識的原始意象，依據是榮格的「原始意象」

2. 文化原力包括傳統文化原力與衍生文化原力。

3. 文化原力創意購買指令的三大標準：嫁接文化原力、保持簡單、創造一種情緒

　　「創新並不是創造全新的事物，而是把不同的事物關聯起來，合成新事物。」

── 賈伯斯

　　在行銷中，消費者被說服的更多是情緒，並非是理性數據，這就需要我們的創意營造一種情緒、感覺。我們以產品

的功效為依據,從文化意識形態中去尋找原力要素,喚醒文化原力,找到與消費者潛意識裡共鳴的情緒、感覺,從存在於消費者大腦的認知中的「舊元素」中找到「新組合」,將其創意轉化為購買指令,例如符號指令、故事指令。當某個品牌成為人人都看得懂的符號、標誌等購買指令,就可以成為消費者的燈塔,在眼花撩亂的市場中,指引消費者按照指令符號做出購買行動。

嫁接文化原力

1. 嫁接文化原力，創意購買指令 —— 符號指令

當購買理由很棒，如何讓大家快速認識它、並記住它？怎麼用很少的預算，讓行銷訴求傳播開來？或在減少廣告投放、甚至停止投放的情況下，消費者還記得它，並選擇它？要解決以上問題，就需要嫁接文化原力，創意讓消費者行動的購買指令。

威廉‧伯恩巴克（William Bernbach）曾說：「創意哲學的核心在於相信，沒有什麼力量能與洞察人心、了解人們行為背後的動機和初衷相比……」如果你獲得了這種力量，你想要說服消費者做出改變，創意的這個力量說的就是文化原力。

符號開啟了人類認知世界的另一扇窗，是連結人類溝通的媒介和認知載體。亞里斯多德曾說：「人類的思想是在符號系統上執行的」，符號是嫁接文化原力的第一個購買指令。那麼，符號究竟是什麼？

為了便於對符號的理解，引用一個大學教授對符號的定義：符號是被認為攜帶意義的感知，意義必須用符號才能表

達，符號的用途是表達意義。符號是人類發明的溝通媒介，承載著人類的各種訊息。

為了學會使用符號，我們深挖符號背後的邏輯：符號學專家皮爾斯（Charles Peirce）這樣解釋符號，他認為符號表意過程有三個核心，即符號、客體和解釋義，他認為符號是一個內部不可分的整體，一再強調，符號過程是一種目的過程，「三元關係」是一種心智關係。舉個例子，交通號誌是一個符號，司機是客體，紅燈停、綠燈行便是解釋義，司機根據看到交通號誌而行事，三元關係整合統一、不可分割。

我們所在，符號、訊息與意義是傳播學研究最核心的問題之一。人類很早以前就透過符號，間接地、快捷地認知萬事萬物。例如，古代戰爭中，烽火狼煙就是有敵情的符號。符號的最大作用，就是能幫助你的品牌在傳播過程中，減少與消費者溝通的成本。

符號與名稱、口號共同形成品牌概念的內容基礎，每一個片段都承載並表達著品牌的個性、品味、品質、風格、權力、地位、定位等核心訊息，將你的品牌聚焦到最小計量的符號上，造成四兩撥千斤的作用。

品牌透過以符號為載體的傳播溝通，形成主觀上他人對該品牌的認知、並且快速完成傳播指令。比如，你所戴百達翡麗手錶，傳遞出尊貴身分。那麼，為什麼他們知道百達翡

麗是最尊貴的手錶呢？是透過以歷史悠久、工藝精湛的文化
符號為載體的傳播溝通而形成的固有價值認知。

　　我用一句話總結，符號的功能就是濃縮並精準傳達訊息
的指令。

符號的三種分類

　　我們的生活充滿了符號，漢字、長城、故宮、書法、筷
子是東方符號的代表，艾菲爾鐵塔、比薩斜塔、自由女神、
凱旋門則是西方符號的代表。

　　對於一個品牌來說，符號代表不同的精神和意義，並發
出購買指令的訊號。不同的品牌透過形狀、聲音、顏色的符
號代表了各自的內在精神，例如，美國的 Nike 代表叛逆的心
理和「just do it」的自我意識。

　　為了更好地運用符號做創意，我們從皮爾斯對符號的分
類來了解符號，皮爾斯把符號分為影像符號、指示符號、象
徵符號三類：

　　第一類是影像符號，這類符號與其指代的事物相似，比
如說貓、狗是這類符號。一個人的照片可以看作是一個影像
符號，因為這個符號與其所代表的事物在物理層而上相似。
它也可能是狀聲詞，聲音與它再現事物相似。像「喵」或
「汪」也被稱為影像符號，因為一聽到這個聲音，你就知道
貓或狗來了。

　　第二類是指示符號，這類符號與其指代事物之間存在某種直接的連繫。「煙」是火的指示符號，「菸上面有禁止圖形」則是禁止吸菸的指示符號。街道上的交通標誌牌也是指示符號：這些符號與其所在現實位置具有某種直接連繫，比如在學校路口或在山坡上。

　　第三類是象徵符號，這類符號與其代表的意思之間並沒有什麼邏輯關係。對這些符號意義的認識完全是依靠你了解並掌握它們和指代意義之間的連繫。「紅十字」是你知道的需要救助的符號，小孩都看得懂的符號。字母表中的字母是你已經學過其意義的象徵符號。

　　無論是影像符號、指示符號還是象徵符號，三者都不是彼此分離的，能夠成組的結合在一起使用。因此，你可以透過文字、圖形等符號可以知道交通訊號、方向指示等等。

　　比如，交通標誌符號，它提醒你正在接近交通號誌。牌子上像交通號誌的標誌既是一個影像也是一個象徵。因為它與其代表的事物外形相似，可以說具有影像性。同時，它也是一個符號，是一系列符號中的一部分，關於它們的意義已經取得了國際認同。這些符號的意思已經為人熟知，甚至你在考取駕照時就曾考過它們的意義。包圍號誌的紅色三角形是一個符號，你習得所知是警示符號。並且當這個交通符號放置在緊鄰的交叉路時，它就成為一個指示符號。在這種情

況下，它的意義部分地由它所在的位置構成。

　　因此，它既是一個「影像符號」，也是一個「象徵符號」，又是一個「指示符號」，皮爾斯符號的這些屬性稱為第一性、第二性和第三性。

　　第一性、這是一種感覺。它可以說是種感覺或情緒的反應。當你感覺到「自信」時，可以說就是基於第一層面的反應。比如你戴著勞力士手錶，從這個符號，你感覺到自信。也可以理解為超級品牌所傳遞的就是超級符號。

　　第二性、這是事實層面。它是事物之間的物理關係。我們之前討論的交通號誌功能就是事實的物理層面，紅燈停、綠燈行就是事實指令，當你在開車，就要按這個指令行事。

　　第三性、你可以把這一層面當做心理意識層面。這是存在普遍規則的層面，它把其他兩個層面連繫起來，它把符號作為傳統與事物連繫起來。你看到「故宮」和「龍」圖形就會與東方文化連繫起來，這就是文化的主體意識層面的連繫，它依賴一個習俗。

　　正是以上幾個屬性，讓符號成為品牌重要的指令，你可以透過傳達精確的視覺符號，讓消費者透過每個記憶碎片，記住你的品牌，並形成獨特的符號標記。例如，時尚品牌Burberry 就塑造了非常成功的視覺符號 —— Burberry 格子，縱橫交錯的格子成為 Burberry 家族身分和地位的象徵。無論

走到全球，只要你看到格子，那就是 Burberry，從產品、廣告到處都可以看見這個符號元素。

2. 文字（語言）符號是第一符號指令

傳播學派中，符號互動者認為：「人類需要社會刺激和抽象化的符號系統以喚醒人類特有的觀念性的思考過程」。語言就是喚醒人類思考的符號。

語言是啟用心智的軟體。亞里斯多德說：「語言是思想的符號，文字是語言的符號，思維體系和文化建構基於文字」。行銷的本質是讓消費者迅速做購買決策，語言符號是啟用左腦的理性購買指令。

詞語是觸發器，它能觸發埋藏在人們頭腦裡的意義。語言是大腦的通路，你用概念操縱詞語時，選擇了正確的詞語，就能影響思維過程本身。作為左腦是「用詞語思考」而不是透過抽象思維來思考的證據，例如要想說一口流利的外語，比如德語，你必須學會用德語來思考。

當我為許多市場行銷從業者做創意分享時，被問得最多的是品牌創意有何祕訣，我的答案非常簡單：從熟悉的詞語開始。這個答案出乎很多從業者的意料，其實，詞語先行就是品牌創意的正確開啟方式。

可是，太多的職業廣告人、品牌管理者認為創意應該以

視覺為主，相信視覺是比文字更重要的共同語言，甚至認為，做品牌創意就是做視覺創意。這就出現了一個有趣的現象，很多廣告公司、策劃公司、設計公司以平面設計、廣告設計等視覺創意類的業務較多，文案則不值錢，很多企業的幾乎每年都圍繞廣告宣傳、傳播視覺「舊貌換新顏」，也有的企業隔幾年便換品牌標誌，改變品牌形象，行話叫品牌更新。

其實，從溝通來看，文字才是人類共同的第一語言，詞語才是第一個啟用人類購買的指令。這就是為什麼你要非常努力地尋找恰當的文字，以詞彙、短語或者組合來傳達一個品牌創意。

不幸的是，很多創作者在入行初期，都是輕視文字的重要性，忽視詞語的指引，像個無頭蒼蠅漫無目的地找視覺創意資料，以尋找視覺內容開始創作，一旦視覺創意客戶不喜歡，又去找視覺資料，重新創作。現實中，很多創意總監、設計總監不願意靜下心來從文字、語言符號開始，他們常常忘記了文字才是第一購買指令。

當然出現這樣的問題，主要有兩種情況，一種情況是視覺創意本身欠妥。也有一種情況是，客戶也不知道要什麼樣的視覺創意設計，他的評價依據歸結於他的自身審美。無論這兩種情況的哪一種，都歸結於沒有準確的文字指引。

文字具有對視覺形象的「錨定」與「接力」兩大功能。

從傳播角度來說，文字寄生並脫胎於文化主體意識裡，是人類最早的語言符號，文字口語是早先出現的。

優秀的創意人恰恰是那些優秀標題與文案的創作者，或者他們與優秀的文案密切合作來寫出那些神奇的創意文案。從另一方面來說，即使你在進行文案獨立創作時，你的文字也必須帶給他們自己具有啟用人們潛意識的聯想，因為一個卓越的品牌創意只能透過準確釋義的文字加以表達。

對於視覺形象而言，文字的第一個功能是「錨定」，即將視覺準確定位。

著名符號學家巴特（Roland Barthes）認為「錨定」這功能是能夠引導讀者對影像中的多種意義，即他稱之為「飄忽不定的表意鏈」的解讀，過濾掉那些無關緊要的「表意」而直達關鍵訊息。文字對「這是什麼」的問題給予了明確解答。影像中隱含的文字（符碼影像訊息）幫助讀者解讀呈現的表意，影像表面的文字（無符碼影像訊息）目的在於認識。巴特描述了「文字」就像遙控器，引導人們到預先設定好的意義上。

從文字開始創意的思維聽起來有些奇怪，然而，這正是你需要為購買理由傳達一個清晰創意行之有效的方法，這種方法更容易使你的創意扎根於消費者的思想和記憶。

　　因此，文字除了表達傳播精準訊息之外，快速高效的特點，讓你的品牌能夠快速被辨別、記憶，使其具有非常低的傳播成本。

　　文字的第二個功能是「接力」，並不像「錨定」功能那麼常見。文字通常是對話的片段，也是彌補影像的一種方式，這個你可以在連環畫中找到，就像在電影對白中那樣，透過對影像缺失訊息的增補，這類文字推進和深化了對影像的解讀。

　　有人說，一幅視覺確實能夠抵過千言萬語的語言文字，當你的視覺創意有可能具有溝通作用並產生感染力，但是也可能向不同消費者傳達了不一樣的意義。而文字語言的重要性在於，讓每個人精準地接收到你品牌同樣的行銷訊息。

　　（1）名字是第一個文字

　　名字就是把品牌掛在預期客戶頭腦中產品梯子上的鉤子，在網路時代，你能做的首要的行銷決策就是給產品取一個有文化原力的名字。

　　古人云：「賜子千金，不如授子一藝，授子一藝，不如賜子好名」。關於名字的重要性，老子的《道德經》就有很好的說明：「道可道，非常道。名可名，非常名。無名天地之始。有名萬物之母。」大意為，天地之初，因為沒有命名，一切混沌。有了命名，才有了萬事萬物，因為每一事、

一物，它必須被命名，萬物即為一萬個名字。

《聖經‧創世紀》裡說，亞當的第一個任務就是為所有的動物命名 —— 這是文明的發端。符號互動論創始人喬治‧赫伯特‧米德（George Herbert Mead）認為，相信符號化的命名過程是人類社會的基礎。

名字是品牌的第一個文字，比如你去超市買洗衣精，除了自己找洗衣精的品牌，也會問店員有什麼牌子的洗衣精。當你使用過幾次之後，覺得某某洗衣精不錯，那你也會告訴家人、朋友某某牌子不錯，值得購買。

名字是品牌第一認知，你通常會說的某某人很有名，某某商品是很大的品牌，其實說的就是名字。好的品牌名字，本身就具有讓顧客一見如故的文化原力。

那麼，什麼樣的名字是好品牌名字，很多書上都有說明和介紹，我的建議是能夠快速喚醒消費者文化原力的名字就是好品牌名字。比如賓士、BMW 就是好品牌名字。據說 BMW 的原名字叫「巴依爾」，讀起來很拗口，還不好記，在當時的銷量也不好，改名為「BMW」之後，銷量上漲不說，品牌形象也一下子提升了，可以說是改名最成功的汽車品牌了。

好名稱具有很大的優勢，名稱通常是一種開門見山的展示。實踐證明，很多名稱本身就是成功的最主要因素。

　　許多沒有實際意義的著名品牌也能夠成功，飛利浦、西門子等就是這樣的例子。這些都是獨一無二的，給它們取名字的品牌商沒有讓別人分享他的優勢。一個有助於留下深刻印象的名字具有巨大的認知優勢，一個能講故事的名字一字千金。

　　如果名稱本身能說清楚一件事情，這個名稱就自然而然具有很大的吸引力。在廣告中，產品名稱一般都會放在很顯眼的地方。有些名稱自身幾乎就是個完整的廣告。「午後紅茶」就是這樣的名稱。這類名稱自身足以說明產品，所以對它進行展示就很有價值。

　　好的品牌名字是好記、好認，通俗易懂，嫁接文化原力。接下來我為你介紹幾個命名方法：

　　第一個是文化常識的經驗命名法

　　常識與經驗是最為簡單的文化原力。「常識與經驗命名法」就是你要從商品的購買理由出發，提煉出簡單的品牌概念，進而藉助文化原力的常識找到與其對應的命名詞彙。

　　第二個是商品文化屬性直觀命名法

　　沒有什麼比「直觀」更能直達消費者心扉了，好的品牌名字都是直觀傳達商品的屬性，抵達消費者心智。如果你的品牌當前正面對國際化市場，要進行全球化命名，除了名字中具有商品屬性，還要展現國際化視野。

第三個是創始人名命名法

如果產品一定要有一個通俗的名字，最好的名字莫過於用創始人的名字，這比一個精心設計的名字要好得多。

品牌創始人是品牌重要的命名原力，一個人的名字代表一個獨特的符號，創始人的名字代表了獨特的品牌。創始人命名表明某個人為自己的產品感到非常自豪。很多知名品牌都是以創始人名字命名的。

例如，賓士（Mercedes-Benz）品牌就是人名命名，Mercedes 是一個小女孩的名字，Benz 是「賓士」汽車發明人的名字；開創美容護膚品的世界級大廠雅詩蘭黛是創始人雅詩·蘭黛（Estée Lauder）的命名；時尚品牌古馳就是創始人古馳奧·古馳（Guccio Gucci）的命名。

不僅如此，時尚界與奢侈品很多國際品牌都用創始人名字做品牌名字，例如 Armani（亞曼尼）、Bentley（賓利）、Berluti（伯魯提）、Chanel（香奈兒）、Burberry（巴寶莉）、Cartier（卡地亞）、Ferragamo（菲拉格慕）、Givenchy（紀梵希）、Louis Vuitton（路易威登）、Prada（普拉達）、Tiffany（蒂芙尼）等等都是用的創始人名字作為品牌命名。

最後還有一個是動植物命名法

如果以上命名法你都不滿意，我建議你不妨試試最簡單有效的命名法，運用身邊大家生活中熟悉的植物、動物命名法。

近幾年，很多科技產品和「網路品牌」喜歡用植物或動物命名，植物類的有蘋果手機、黑莓手機等等；動物類的有PUMA、多芬、蝦皮等等。此類命名法，用耳熟能詳的動植物，更容易被消費者所記住。

因此，我們可以這樣理解，名字問題非常重要，它為品牌的事業打下基礎。有些名字是其成功的主要因素，而有些名字則使其喪失了最初的市場。

（2）廣告口號不一定是第二個文字

品牌行銷是一場在消費者心中建立心智爭奪的傳播戰爭，在這場心理戰中，廣告口號是擔綱第一線士兵的作用，煽動行銷傳播的勢能與方向。

口號的定義是：「供口頭呼喊的有綱領性和鼓動作用的簡短句子」。怎麼解釋呢？就是說口號要可以供口頭呼喊，簡短，而且具有煽動性、鼓動作用。

一個強大的口號能夠將所有的力量集中於一個核心購買理由、或者一種情緒。廣告創意主題由文字建構而成，廣告口號是傳播的一種基本工具。

廣告口號來自人的認知和常識

當訊息氾濫，人們被迫對訊息進行簡化歸類，運用經驗性的常識來作判斷，把與已有認知不符的訊息通通過濾掉。同時，人的行為是遵循慣性的，人喜歡趨從於以往的常識、

經驗而來判斷當下的選擇，時間累積的經驗將直接指導我們的每一次抉擇。

林肯曾說過：「你必須利用語言、邏輯和簡單的常識來確定核心觀點，並付諸具體行動。」常識是天生的良好判斷，不受感情和智力因素的影響，它也不依賴特殊的技術知識，換句話說，你看到的是事物本來的面貌，不參雜感情和個人喜好，沒有比這更簡單的了。

常識是人們共享的智慧，它作為一種文化原力的購買指令而被公眾接受，因為看起來真實可信。但是許多行銷從業者不相信他們的直覺，忽視常識的力量，總是覺得一定還隱藏著更為複雜的答案。

隨著行動網路蓬勃發展，廣告口號也有不同的新方向：重回口語的時代。人們從口語時代進入文字時代是一個巨大的前進，大量的文明因此傳承下來。而現在是一個重回口語的時代，隨著資訊化的加快，口語、影像傳播成為一個具有極低門檻的傳播方式。因為現在的人群中每個人關於品牌的的認識是有巨大差異的，只有在口語溝通過程當中才能夠促進一致，盡快達成共識。

每個人的理解能力和資訊背景不一樣，在口語溝通當中，你可以測試消費者的常識在什麼地方，這有利於你與消費者盡快達成共識。把複雜的「術語霸權」所形成的那種

專業腔調，轉化為人人聽得懂的話語，口語化表達更易於接收、更易於互動、更易溝通。

好的廣告口號必須可以形成最終的行為

廣告口號是購買指令之一，那麼，什麼樣的廣告口號才是好口號呢？或者說這個好廣告口號的標準怎麼定？

好廣告口號一定要透過測試，經得起推敲，有時候你認為好的廣告口號，不一定是真正意義上的好口號。廣告的目的就是把商品的購買理由盡可能準確無誤地傳達給目標消費者，好的廣告口號要從消費者中來，到消費者中去，能夠打動他們並產生情感共鳴。

要設計一個口號，我們就不能在會議室裡從「品牌調性」、「專業知識」去分析覺得這句話好，而是第一線的人發自本能的願意用。你要知道，我們所設計的廣告口號，就是設計一個品牌購買指令，首先自己的員工要願意用，並且這口號對他（她）有用！店員願意說，店員願意用，有自豪感，這才有生命力。

經過我的歸類，總結出了以下五種廣告口號類型：

1. 功能型 —— 強調解決一個問題，如果你的品牌有很強的功能差異化，功能型是首選。

2. 直接型 —— 告訴消費者我是做什麼的？能為你做什麼？形成指令。例如，巴黎萊雅因為你值得

3. 態度型 —— 亮出你的品牌態度，與消費者形成情感共鳴。例如，JUST DO IT；鑽石恆久遠，一顆永流傳。

4. 體驗型 —— 以闡述體驗讓描述有畫面感，用身臨其境的體驗，來調動消費者的感官。

5. 嫁接型 —— 透過將購買理由嫁接到歌曲、詩歌、曾經的口號上，形成共鳴。

廣告口號是一種表達的藝術語言，藝術總是散發獨特的魅力與能量，創作廣告口號你要戴著購買理由的腳鐐跳創意之舞。我建議你遵循「三大步驟」和「十個原則」，運用「六頂思考帽」來創作好的口號：

第一步：瞄準購買理由，確立「說什麼」

首先，你必須先掌握有關產品的數據，市場狀況，消費者的心理和習慣。還要對競爭者及其廣告、影響銷售量的社會和自然因素、銷售通路等開展調查。其目的是瞄準購買理由定位，確立廣告口號的核心主旨「說什麼」。

第二步：思考提煉，理順「怎麼說」

其次，為避免主題不明，你的廣告口號最好只講一個重要訊息，最多不超過二個訊息。「怎麼說」會更好，這就需要你發揮自己的想像力和整合能力，捕捉引人注目的訊息，再將訊息嫁接文化原力，提煉出簡明扼要、令人矚目的廣告口號。

第三步：靈感修正，讓言語「說出彩」

當你掌握了一定數據並經過思考時，你想出了幾個廣告口號，你可以放下手中的筆，做點其他的事，放鬆身心，靈感較容易迸發出來。當你想出感覺不錯的廣告口號後，再從創作的氛圍中抽離、冷卻，冷靜的看待加上客觀的檢視，經過反思，基本上就能得到一個較好的廣告口號了。

同時，你必須遵循以下「十個原則」來讓你的廣告語出類拔萃：

1. 讓句子簡短。
2. 挑簡單的詞，不用複雜的詞。
3. 選熟悉的詞。
4. 避免不必要的詞。
5. 用動詞做謂語。
6. 口語化。
7. 用讀者可以理解的術語。
8. 結合讀者的經驗。
9. 充分利用詞語多樣性。
10. 以表達為目的，而非以吸引人為目的。

此外，你還需要一顆善於觀察、細膩的心，能充分洞察消費者的需求，才能創作出直擊人心的廣告口號。廣告口號類似美女，有高貴的，有樸實的，有驚豔的，有個性冷淡

的，其最終目的是為品牌銷售服務，為行銷服務。牢記這一點，才能讓消費者看見你的廣告口號就有購買的衝動。

廣告大師威廉‧伯恩巴克曾言：「你可以準確地描述一個產品，但沒有人傾聽。你的話必須直擊人們的心靈，引起他們的情感共鳴，否則，就起不了任何作用。」

廣告口號作為行動指令，給出一個訊息刺激，得到消費者一個行為的反應，其最終目的是讓他們採取購買行動，並在廣告停播之後仍然保持持久的銷售力。如果不能夠引起他們的情感共鳴與回饋，不能形成最終的行為，這個口號就是無效的。

很多人認為廣告視覺創意就是行銷的全部，實際上，文字水準對行銷的重要性與口才對推銷術的主要程度是同樣重要的。因此，在創意廣告口號時，你必須簡短、清楚、有說服力地表達，就像一個業務員必須這樣做一樣，但是過於精美的廣告口號顯然是不利的，就像獨特的文風並不一定吸引人一樣。它們過於關注主題，暴露了「魚鉤」，所有精心策劃過的推銷企圖，如果暴露於表面，都會引起相應的牴觸。

3. 感官符號不一定是第二符號指令

要談購買指令，我們先來了解品牌與購買指令的內心關係。

美國市場行銷協會（American Marketing Association）
這樣定義品牌：「品牌是一個名稱、術語、標誌、符號或設
計，或者是他們的結合體，以辨別某個或某一群品牌的產品
或服務，使其與他們的競爭者的產品或服務區別開來。」

我這樣理解品牌：一個偉大的品牌的精神歸宿，是成就
一個偉大的符號系統，事實上，這也是品牌出發的地方。一
個品牌就是一套有效的符號系統，今日紛繁複雜的傳播環
境，更決定了符號是唯一有效的品牌傳播方式。

人有視覺、聽覺、嗅覺、味覺、觸覺，符號指令首先要
被這五大感官辨別，從五大感覺嫁接文化原力，你就可以成
為五個品牌符號化的路徑，成為有效的符號指令，也就是購
買指令。

第一個、視覺符號指令

人類天生對影像、圖形、色彩等符號形象，有超強的記
憶力。人的大腦百分之七十由視覺符號所主導，人們主要透
過符號來辨別、記憶和做購買決策，品牌需要一個強大的品
牌符號在消費者大腦裡留下印記，觸動消費者購買，因此尋
找並創意「視覺符號」尤為重要。

品牌要在消費者心智中打下烙印，視覺是所感知的第一
符號。

在視覺符號指令中，消費者感知品牌的意義取決於圖

示,也可以理解為感知物的信念集合。辨別並喚醒這種圖示對於許多行銷決策至關重要,因為這決定了消費者用什麼標準來評價產品、包裝以及廣告。

視覺是消費者最依賴的感覺,我們最熟悉的感官記憶莫過於品牌視覺。行銷人員往往認為品牌設計最主要的功能就是與其他企業或產品上形成區隔,這主要是從美學和記憶度方面進行設計,當然從感知來看,標誌的美觀性會對消費者的直覺有重要作用。

任何昂貴的東西都應該有實際效果,否則它就是浪費。所以,研究行銷內容中的視覺符號就具有非常重要的意義。

令人遺憾的是,目前很多品牌視覺的設計,都從「辨別導向」和「美感導向」的思路,並未引入「行為影響目標導向」,並未將人類集體潛意識的「文化原力」嫁接到設計中,以至於真正形成購買指令的視覺設計少之又少。

那麼我們該如何透過視覺符號進行創意?我與你從產品設計、標誌、廣告等方面來討論一下如何嫁接文化原力做創意。

產品設計的符號創意

成功的產品或者流行的產品都有一個特點,即嫁接文化原力,成為超級產品符號。故宮文創、可口可樂就是成功的超級產品符號,就是超級品牌。

故宮無疑是當下嫁接文化原力實現創造性轉化、創新性發展的模範。從「紙膠帶」到「眼罩」，近年來，故宮的許多文創產品成為「網紅」。

作為一個擁有近六百年歷史的文化符號，故宮擁有眾多文物古蹟，成為傳統文化的典型象徵。

創意時代，故宮不再是僅僅是古蹟，故宮嫁接傳統文化原力，做出了許多契合現代生活的產品，它可以是你手中的鉛筆，模型，甚至是紙膠帶，手機殼、包包、滑鼠墊等，因具有文化符號而持續熱賣。

看似簡單的東西，背後蘊藏的深厚的文化積澱，故宮產品不僅僅只是為了宣傳文化或者藝術品。它其實是文化原力的一種表達方式，以另一種方式延續它的生命和意義。透過文創產品與文化的嫁接，傳統文化原力正在成為「活」在當下的潮流文化。

正應了那句古話：「經典的東西是不會過時的」。

商品的包裝符號創意

「佛要金裝，人要衣裝」告訴我們包裝是何等之重要。在嘈雜的購物環境，顧客面對沒有消費經驗的商品，包裝便是顧客認知的第一個辨別符號。香水產業有一句名言：「精美的香水瓶是香水最佳的業務員」，包裝精美代表了品質上乘，總會吸引消費者關注，喚醒消費者的購買興趣。

商品包裝的功能包括兩方面：一是物理功能，即造成保護商品、顯示商品性質、傳遞商品訊息的作用，二是吸引消費者注意、引起消費者興趣、象徵商品意義的作用。

很多消費者把商品包裝品質當成商品本身的品質，如果不了解該商品的內部品質，則經常憑商品包裝的特點來作為參考和判斷依據。

包裝的目的是什麼？你不能為了包裝產品而包裝，而應該將其看成一個品牌訊息包裝，成為宣傳品牌，或者建立品牌的重要載體；有了包裝，你的品牌更便於建立品牌辨別，嫁接文化原力成為品牌符號，建立品牌記憶。

要設計好包裝符號，我們要從賣場的貨架（實物貨架、電商電子貨架）上去思考，這也是包裝設計流程的第一步。因為包裝設計的性質，不僅僅是設計這個包裝符號，是從整個貨架來創建包裝符號。

對於快速消費品而言，包裝是品牌最為直觀的展現，包裝是消費者對產品的第一認知。一個獨特的包裝所建立的視覺符號，可以成為品牌獨特的符號。

1、商品包裝是最好的自媒體。

商品包裝創意是引導購買者思維過程的設計，是你提醒購買者注意，引誘購買者拿起，鼓動購買者行動等一系列行為的設計。以一個強而有力的符號為中心是包裝設計的基本

原則，商品的包裝創意是和購買者進行對話交流的設計，也是購買者視覺指令的設計，要把包裝本身做成貨架上的強勢符號，建立包裝設計創造陳列優勢，在不經意間改變人的思維和看法，形成購買指令。

包裝色彩就是極為重要的文化原力：紅色是一種溫暖興奮的顏色，是喜慶、禮品的符號；綠色是一種青春、活力、自然的聯想，是綠色健康、生鮮食品的符號。

商品包裝符號設計是品牌理念、產品特性、消費心理的綜合反映，它直接影響到消費者的購買欲。富有創意的包裝設計不僅演繹產品的功能、特點，塑造了品牌價值，擔當自我宣傳。

統一符號、統一形象的包裝設計在商品銷售過程中有著強化記憶的作用，當消費者在第一個銷售點見到該商品時，可能會對該商品的形象產生一些印象，當消費者在第二個銷售點見到該商品時，統一的符號、統一的形象會喚起消費者的記憶。隨著消費者見面次數增加，包裝的符號與形象逐步加強。

2、包裝是二十四小時視覺業務員

在零售產業的設計中，包裝設計的超級符號運用使消費者在不同購物場所接受視覺刺激的效果達到最大化，造成指令消費者購買的作用，包裝就是悄無聲息的業務員。

你的包裝要把貨架、展示臺當媒體宣傳用，將他們當作賣場最大的廣告位。將貨架、展示臺視覺化，形成強勢的創意符號，用符號刺激購物者的本能反射。讓商品成為出色的二十四小時視覺業務員，哪怕在十公尺外就可以吸引消費者眼球，讓消費者按照包裝指令選購商品，所以要做「媒體宣傳導向的包裝設計」。

包裝商品的行銷中無可爭議的必須要做的事情有：展示產品、包裝、標誌，並且列出所有的成分。產品包裝是否快速、甚至瞬間能被消費者辨別並被仔細和清楚的表達。例如，可口可樂經典曲線瓶，嫁接了人體形象的原力；絕對伏特加是以產品外觀特徵，嫁接了純淨的特性價值原力。

第二、圖形符號創意方法

符號創意的方法：同構創意與元素的替代

在行銷傳播這個產業裡，客戶付錢給策劃、行銷人員是為了讓他們創造出具有感染力的形象和符號，以吸引消費者購買。

符號的意義在於，把品牌的購買理由嫁接文化原力（文化主體意識），並形成購買指令。我與你一起來討論一下符號創意的方法。

第一個圖形符號創意的方法是同構創意

著名廣告大師威廉・伯恩巴克所說，「說服不是一門科

學，而是一門藝術。」品牌傳播創意是說服的藝術，在符號表達上，「怎麼說」與「說什麼」同樣重要。同構創意就是解決符號表達的重要方法。

關於同構創意方法的認識，要從德國視知覺形式動力研究專家阿恩海姆（Rudolf Arnheim）說起，他認為：對事物、藝術形式審美知覺本質上是對其中力的式樣的知覺。也就是說，如果某一特定事物（或藝術形式）與另一事物（或藝術形式）在大腦中激起的力的式樣在結構上相似，既使這兩事物（或藝術形式）的外表和種類都不相同，它們引起的情感經驗或本身具有的情感表現性也會相同；同理，如果某種外部事物或藝術形式在大腦中激起的力的式樣與某種情感生活所具有的力的式樣同形，那麼，就可以用這種可見的藝術形式或外部事物去再現或表現那種內在的和不可見的潛意識。這種讓人一看就似曾相識，在情理之中，又在情理之外的表現形式就是同構創意。

人與自然、低階活動與高級活動之間可以沒有界限而共通了，也就是知覺的空間模型與腦內的潛在興奮可以是同形的，知覺在其次序關係上與作為基礎的興奮的腦場相符合，一個系統的連結點與另一個系統的連結點相符合，是「拓樸學」性質而不是「地形學」性質的。即構成異質同構的同構對應，構成「同感」與「共同美感」。

　　理解同構圖形創意，我們要明白圖形創意它既不是一種單純的標誌、紀錄，也不是單純的符號，更不是單一以審美為目的的一種裝飾，而是在特定思想意識支配下的對某一個或多個元素組合的一種蓄意刻劃和表達形式，有時是美學意義上的昇華，有時是富有深刻寓意的哲理啟示人們，有時是傳遞購買理由的商品辨別。在行銷領域，同構創意就是為了有效地將購買理由轉化為與消費者共鳴的購買指令。

　　同構創意是形成購買指令的關鍵要素。圖形的組合，猶如音符的組合，調式的組合。圖形的組合產生了形式，帶來了視感，帶來了情感模式，如產生不同的安全感，在空間產生一個向量（心理的力感），向量使人產生節奏、平衡與運動感。成為你的品牌啟用人們集體潛意識的購買指令。

　　圖形的研究，應說源於我們對格式塔心理學（Gestalt psychology）的研究。格式塔心理學（一九一二年發源於德國的心理學派）可以說是形的心理學，該理論提出「圖形論」，即當外物與藝術形式中展現的力的式樣與某種人類感情生活包含的式樣達到同構對應（異質同構）時，就覺得事物與藝術形式就具備了人類情感的性質。

　　同構圖形展現「重整體」的概念，強調美學品質，要求構成體自然而又合理，同構圖形還展現「重相互統一」的觀念，指的是合理地解決物與物、形與形以之間的對立、矛

盾，使之協調、統一。在標誌、廣告中常用「異質同構」的方法來展現創意，比如將眼睛裡的「眼球」比喻成為「地球」，就成了放眼全球的創意；將「筆記型電腦」與「信封」同構，傳遞超級薄的指令。

同構圖形強調「創造」的觀念，它不在於追求生活上的真實，更注意視覺上的藝術性和合理性，同時具有讓目標受眾行動的購買指令功能。

例如，絕對伏特加的平面廣告就是一個成功的同構創意案例。同構圖形除了異質同構創意，你還可以以置換、影子等方式將兩個或幾個符號元素巧妙的進行同構組合，其核心都是同構思想。

第二個圖形符號創意的方法是元素替代

除了同構創意，還有一個讓消費者一看就認得出、一看就明白符號意思的符號創意方法，就是「元素替代」。元素替代是形和意的轉換，保持圖形的基本特徵，物體中的某一部分被其他相類似的形狀所替換的一種異常組合形式。

在創意的世界，任何物體與生命體都是根據結構和功能的需要進行合理組合，他們都有各自的邏輯性和合理性，都有可能創造新的視覺形象。鋼琴是由音盒、琴鍵和琴臺構成的；人的頭部是由五官構成的；跳躍之所以能始終保持平衡，是由於頭尾與四肢的高度協調。這些相互關係是一種常

理、常規，破壞了這種關係將會影響功能的正常運轉。但是當這些物和體出現故障的時候，往往就要更換部件，無生命體不可能取代有生命體。他們必須按照科學規律辦事。

轉換圖形是以常規圖形為依據，保持其物形的基本特徵，將物體中的某一部分被其他相似或不相似形狀所替換的異常組合。雖然物形之間結構不變，但邏輯上的張冠李戴卻使圖形產生了更深遠的意義。

元素的替代又稱之為：「舊元素，新組合」。你可以在創意中，以人人都認識的舊元素，呈現全新的組合。例如，二零一四年可口可樂推出的「Fairlife」品牌專賣標榜低糖和高蛋白質的高價牛奶，廣告中身材窈窕的女模擺出誘人姿勢，身上被潑灑牛奶，將牛奶替換成各種樣式的洋裝、禮服。

無論是標誌的符號創意，還是廣告的符號創意，其本質都是討論「舊元素新組合」的組織方式。

辨別符號創意

標誌是品牌理念的象徵，是品牌符號的核心。好的標誌設計就是超級視覺符號。視覺符號關鍵在於高度簡練，其目的是好記，標誌就是要塑造一個高度簡練的符號，進而在消費者心智中產生清晰鮮明、獨特的大腦畫面，畫面越鮮活，就越容易想起來，顧客選擇該品牌產品的可能性就越大。

前面已經講了，符號創意的核心是將購買理由嫁接文化

原力，成為超級符號。那麼，標誌的符號創意中，該如何嫁接文化原力進行符號創意設計呢？我建議分成兩步：

第一步、先找出所代表該品牌的品類屬性。

標誌成為高度簡練的符號，首先要展現品牌所處的產業或品類價值的辨別性，我們可以從品類價值開始分類。比如，你是從事銀行工作的，你的品類就是銀行，不是飯店；你是賣藥品的，你的品類就是藥品，不是食品；你是賣手機的，品類就是手機，不是耳機。

第二步是發現文化原力，並嫁接文化原力。

其次，我們可以從能代表品牌的品類最基本文化元素開始尋找，例如，銀行品類的最基本元素就要從古代貨幣的文化原力中去找，方孔銅錢和刀幣就是銀行的文化原力。而藥品，分為中藥與西藥，中藥的草藥品類、葫蘆、太極圖以及中醫文化就是文化原力，而藥丸、藥外觀形象就是西藥的文化原力。這些符號創意，讓消費者一眼就能辨別出你的企業或者品牌所從事的產業、品類。

廣告符號創意

我們所知，符號具有指稱辨別、濃縮並承載大量訊息和行動指令三大功能，可以傳達巨大的訊息能量，並影響人的行為。人類的行為都是在符號的指引下進行的。符號引領你搭公車，符號帶著你逛商場，讓你到這個辦公室，然後開始

聽關於符號的故事。

廣告的核心功能是說服。廣告符號創意不能離奇怪誕，不能漫不經心地對你的訴求對象，不要為了某些輕浮的嘗試而降低對你或者對你產品的尊重，人們不會惠顧一個小丑。廣告符號必須有助於銷售商品，與其他占同樣篇幅的表現手法相比，它應該發揮非同凡響的指令力。

廣告符號創意不要僅僅為了引起別人的興趣、愉悅或者引起他們就去做某件事。你要以最簡單可行和最低成本的辦法贏得你的消費者。

因此，你的品牌和消費者溝通，最美好的狀態就好像賈寶玉初見林黛玉，一句「這個妹妹我以前見過」，瞬間就抹掉了陌生感，拉近了距離 —— 因為這個妹妹一直住在賈寶玉的靈魂深處

廣告符號創意嫁接文化原力，建立與消費者似曾相識的感覺，我總結了以下幾個進行符號創意的方法：

第一個方法是嫁接「人物原力」

在諸多品牌塑造過程中，你會發現名人、明星、創始人等人物是最容易被快速建立品牌的。一個電視節目、一首歌曲、一個電影都可以造就一個婦孺皆知的明星。從古代的孔子、諸葛亮，到近代的賈伯斯，從林青霞、王祖賢、到蔡依林、周杰倫等，這些人人熟知的明星背後所具有的龐大的粉

絲團體，就是巨大的文化原力。

　　在你的廣告上讓創始人作為畫面的核心，讓它們表現出權威的個性。將會是一個對自己的成就感到十分驕傲的人，而不是一個「沒有靈魂」的機構。只要有可能，你我們就要在廣告中加入人性的東西。

　　人們並不只是靠名字來認識你，還要看你的外表和特徵，如果你每一次接觸他們的時候都是一副不同的形象，他們永遠不會對你有信心。

　　我們誰都擋不住一張名人面孔的誘惑，一個名人幾乎可以立即將某種風格、氣氛、情感和含義注入任何地點、產品或者情景中，名人的人物形象有別於其他任何一種廣告符號。

　　同時，因為「人」有與生俱來的標誌性面孔、性格，賦予品牌人格化的臉譜，當品牌臉譜越富有個性和特點，就越容易被吸引，就越容易被轉化為銷售建議。人的這些特質讓品牌快速辨別，讓品牌活起來，紅起來。因此，你可以用一個真實的人物擔當主體符號形象，比如名人明星代言、品牌的創始人、發明人，透過符號創意表現，讓人一眼就知道你是誰，不用解釋一句話。

　　有個性的人物形象也可以像有個性的人一樣贏得別人的尊重。有些廣告創意你很願意去看；有些只是讓你感到乏味

無趣；有些讓你為之一振；有些則太普通；有些給你信心；有些只能讓你變得小心。

第二個方法是嫁接「文化原型」

行銷人的腦子裡總有一個這樣的概念：「大家都很忙，那些值得開發的普通推銷對象總是有太多的事情要做，沒時間看」。人們不會去鑽研海報、畫冊等印刷品，他們可能會在餐桌上很有禮貌地聽別人吹牛，談一些時事熱門話題、名人趣事、某個明星緋聞，或者講些個人的事情或自己所經歷的往事。但是對於資訊，他們會挑選適合胃口的題材，他們想要從中受益或者是從中取樂，想要能夠激發他們開心、快樂、帶來內心共鳴的東西。

而這個激發他們內心共鳴的方法就是利用文化主體意識裡的某個文化原型，進行廣告符號創意。文化原型形象可以是人們熟知的人物、動物、文化中的造物或者植物，例如你可以用《西遊記》中唐僧、孫悟空的文化原型形象來創意，也可以利用《功夫熊貓》中阿波熊貓的文化原型來創意。

此外，像熊本熊、蜘蛛人、鋼鐵人、超人等具有人格特徵的動物或者動漫形象也是不錯的文化原型。因為這些原型形象，一是有故事原型，二是有了眼睛、嘴巴和鮮明的五官個性，一旦被媒體所放大傳播，很快就能成名，被感知，被記住，成為一種品牌符號。

　　需要注意的是，要用業務員的標準而不是娛樂的標準衡量廣告符號創意，廣告不是寫來取樂的。不要把大眾看做娛樂消遣者，這會讓你的認知模糊不清，想像一個活生生的個體，他們很可能想要買你的商品，不要和他們逗樂子，花錢是一件嚴肅的過程，廣告符號就是隻做那些業務員在面對一個熱心購買者時應該做的事情，指令消費者行動。例如肯帝亞地板、雲集電商就嫁接了文化原力，就是讓消費者行動的廣告符號。

　　第三個方法是嫁接「文化背景」

　　如果你的品牌有可以包裝的具體產品，其產品也是消費者接觸最多的品牌體驗，作為符號創意，你應該快速建立在一個視覺和一個瞬間感覺，在文化主體意識文化背景上突出產品原型的顯著性特徵。

　　作為有形產品，你的產品是重要的核心要素，永遠應該是廣告符號創意的主角。例如，絕對伏特加透過獨特的產品瓶形特徵，成為所有廣告符號創作的基礎和源泉，至今已經有二十幾年的廣告中，絕對伏特加已經創作了七百多個廣告，包括平面、網頁、電影和其他形式的廣告──「絕對伏特加酒瓶是永遠的主角」。

　　單從廣告創意符號的角度講，絕對伏特加廣告的成功在於它能完美地展現出產品的特點，將產品與各自形態的生活

場景、文化主體意識元素相融合，每一則廣告都能透過厚重的歷史、文化的背景；更加深層地挖掘出絕對伏特加的品質內涵，進一步展現出它的尊貴與品味。數百個平面廣告的符號創意都是採用一種相近的組合方式：所有廣告的焦點集中在瓶形，根據每個國家、地區的文化背景，創作「絕對經典」的絕對符號。

當然，你不應該只是因為視覺符號有趣就使用它們，也不應該為了吸引目光或者是為了讓別人覺得有趣、為了取悅他人，為了娛樂。需要提醒你的是，你並不是為了取悅大眾而創建視覺符號，而是圍繞著讓消費者花錢購買你產品的精準而嚴肅的主題。

第四個方法是嫁接「戲劇化情節」

戲劇一直存在人類千百年來文化主體意識中，人人都喜歡看戲，喜歡戲劇化的情節，被戲劇化的衝突所深深吸引。相聲、舞台劇、魔術、雙簧等表演形式都具有戲劇性效果，觀眾也是被這種效果娛樂，進而產生好感。

戲劇化表達能激發諸多感覺和想法，一個影像會勾起別的影像，喚起你的記憶和情感，甚至會引發微笑、積極參與的肢體行為，你也會將這些想法和感覺編成一個與自己的處境有關的完整記憶，在你的潛意識裡生成印象和衝動。

優秀的創意人有各式各樣聯想，作為創意人，你必須具

有把已知的東西與可信的東西放在一起重新組合，並創意激發出有趣的能力，這樣才能真正打動消費者，直指人心。而這個聯想創意方法就是「戲劇化聯想」，也叫「戲劇化表達」。戲劇性是把人物的內心活動（思想、感情、意志及其他心理因素）透過外部動作、臺詞、表情等直觀外現出來，直接訴諸觀眾的感官。

嫁接戲劇化表達的文化原力，才能與消費者共鳴呢？我為你整理了三個方法。

1、讓常識不尋常

首先你要找到能夠理解產品和消費者的「常識」詞彙。一般情況下，你可以根據產品和消費者的情況，用一個能夠表示它的詞，用一個動詞可以能使它動，用一個形容詞可以準確描述它，用一個名詞可以能使它場合化，常識的詞彙就是最親近消費者的。

此種創意方法的出發點是你的產品特點、產品使用方式與消費者的使用場景、生活習慣相結合，從你的產品出發去尋找消費者心中對應的「常識」點，即認為產品中必然包含有消費者感興趣的東西。

運用常識表達方法，建立符合目標受眾期待的訊息，需要你深入目標受眾的頭腦之中，了解他們對世界的看法。這對你既有的認知是一種顛覆。因為你無法再花心思精心準備

你要說的語言，而要去建立目標受眾想聽的語言，這個語言是人人都能懂的。如果你做不到這一點，你的說服效果就會大打折扣。

此外，常識表達的重要方式是將你的品牌融入消費者生活，從品牌使用方式、生活場景從中找到訴求的突破點。換句話說，你必須找到傳達產品和服務與生俱來特點的最為準確的方式，而用一種「可意會、可感知」的方式，使廣告對於消費者具有最大的戲劇性效果。

2、挑起你的「性」感慾望

性是人類兩性不可踰越的，性感訴求、性訴求對男女消費者都有效。比如：性訴求可以使得男性感覺有「男子氣概」，而女性更有「女人味」。

性吸引力是由人體中重要的物質荷爾蒙有關，荷爾蒙是高度分化的內分泌細胞合成並直接分泌進入血管的化學物質，它透過調節各種組織細胞的代謝活動來影響人體的生理活動。

作為提高品牌訊息傳達效果的手段而言，性感訴求、性訴求十分具有效力。例如，每年的汽車展覽汽車廠商都使用性感車模這一招，車展變成了模特兒兒展，而且屢試不爽。像凱文克萊（Calvin Klein）及其他品牌廠商曾經利用性訴求成功塑造了服裝、香水的品牌形象。

如果你的品牌正陷於性冷淡的困境，不妨試試讓品牌性感起來，相信會有不一樣的收穫。杜蕾斯就玩出了「性」訴求的新高度。

3、讓你會心一笑的幽默感

很多時候，我們常常被幽默感的人所吸引，卓別林、周星馳就讓我們難忘。

幽默是戲劇化表達的重要表現方式，幽默表現不但能提高關心度，而且具有良好的傳遞效果。好的戲劇化表達不僅有意義，還得有意思、有趣味。受眾的個體差別會很大，如教育程度、性格、社會背景、文化背景、生活態度等的差異都會對其是否接受某個幽默訴求產生很大的影響。有時候，過於強烈的追求幽默會限制接受對象，反而可能降低注目率。「適可而止，點到為止」是幽默方法運用的關鍵點。

例如，行銷策劃人員發現了有的消費者習慣於將餅乾浸泡在牛奶中吃，將這個有趣的習慣運用到廣告中，讓這種淘氣而又充滿樂趣的吃法成為消費者「好玩」的一面。因此，OREO 餅乾有了「扭一扭、舔一舔、泡一泡」的廣告創意。

為什麼目標受眾，尤其是年輕消費者不喜歡用語直接的廣告？而喜歡更有意思、更有趣的幽默感表達方式。是因為直接的訊息沒有傳達目標受眾想聽的訊息，它傳達的只是訊息發出者想傳達的訊息。

　　廣告也是這樣，你所擁有的東西只會讓部分人產生興趣，並且是出於特定的原因。你只能關注這些人，然後創作一個勾住這些人的標題。或許，一個聰明幽默的話語，可以吸引更多的人，可是這類標題大多包含著一些與你的商品無關的東西，而你所期望的顧客可能從來沒有認知到這個廣告宣傳的是他們想要的某種東西，這種幽默方式就適得其反。

　　談到戲劇性表達，不得不提到一個著名廣告人李奧貝納，他認為，廣告創意最重要的任務是把產品本身內在固有的刺激發掘出來並加以利用，並把這種刺激稱為，與生俱來的戲劇性。他創作的綠巨人廣告，成為標誌性廣告。

　　你可以這樣理解：戲劇性的廣告創意方法是把與生俱來的戲劇原力發掘出來並加以利用，也就是說要發現企業生產這種產品的「原因」以及消費者購買這種產品的「原因」，形成重新組合（舊元素新組合）的戲劇化衝突。例如，將植物與人的五官結合，成為一個「植物臉」形象；將「無數個綵燈」組合成一棵「聖誕樹」形象等等。二零零五年日本愛知世博會吉祥物 —— 森林小子和森林爺爺。

　　戲劇化表達，你必須樸實單純，戲劇化語言不能太標新立異，要吸引顧客，就像要吸引魚兒上鉤一樣，不能暴露出自己的魚鉤來。

　　廣告創意在於有效說服消費者行動。戲劇性創意指令要

能說服消費者還要我們仔細研究商品自身的獨特性，無論是一瓶水、一塊麵包，還是一臺電腦，一般說來，只要它能夠存在，都有某種特定的因素在發揮作用，使得製造商去生產它，使得消費者去不斷購買它，這個特定的因素本身就是商品的原力，廣告創意就是去盡力發掘這個文化原力，同時，以獨特、聰明、有趣的戲劇化方式嫁接這個文化原力，以引起消費者的共鳴。

需要注意的是，戲劇化表達在時尚品牌的廣告符號創意中，圖片中的模特兒兒總是與主題相關的，它們本身就是超級符號，靠自己的價值在版面上贏得一席之地，模特兒兒畫面的大小是根據它們的重要性決定的。如果一個人想賣衣服、首飾的話，模特兒兒圖片所占的篇幅可能性就會很大，不太重要的東西就不應該占太大的空間。

廣告符號創意是一門藝術，它源於直覺，來源於本能，它應該具有一個適於記憶的視覺形象，一種影像的助記符號，更為重要的是要嫁接文化原力，嫁接了文化原力的廣告符號就是超級創意。

符號創意要滿足共同點與差異點的聯想

首先，從品牌自身與競爭者所屬的產業來建立共同點——品類或品種共同點聯想，即共同點是你的品牌與其他品牌所共同享有的。例如「說話算數」的誠信精神是做金

融、保險產業所共同要具有的。

其次，從消費者角度找差異點，透過文化原力達成消費者對於商品的獨特認知。例如為了同行區分、信任和財富的「財神爺」符號創意就是在文化原力上找到了差異點。

在這裡要說明一點的就是，品牌行銷是心智占有，無論是購買理由，還是像廣告符號這類的購買品質創意，講究一個先知先覺，誰先占據這個有力的共同點（因為這個點是很普遍的，這個點的原力是最大的），誰先占有巨大的消費人群。所以，一旦這個共同點被占有了，那麼只能從別的差異化去找文化原力。

第三、其他符號創意指令

聽覺符號創意

當你正在開車，你聽到「喔咿 —— 喔咿」的救護車聲音會立即讓道。這就是聽覺符號的指令威力。發出滋滋聲的牛肉，是一個購買指令。蘋果手機的通知聲，無疑是最為成功的品牌聽覺辨別符號號之一，讓大家一聽到這個聲音就知道你用的是蘋果手機。

因此，聲音辨別符號、廣告歌曲等這些聽覺符號手段也要嫁接文化原力。

音樂也可以影響購買，音樂讓不同產業的相關概念觸發了你的聯想，從而讓消費者自動啟動播放的購買指令。例如

速食產業的麥當勞、肯德基透過在店裡播放激揚奔放的快節奏音樂，來刺激你快速飲食行動的購買指令。而西餐廳則透過節奏緩慢的舒緩音樂，喚醒消費者放鬆的購買指令。

觸覺符號創意

消費者喜歡透過觸覺判斷產品的品質和技術，你應該發揮商品或與商品相關物的觸覺優勢，形成積極感知的觸覺符號，讓消費者產生記憶深刻的觸覺印記。

記得《賈伯斯傳》（*Steve Jobs*）記錄下來了賈伯斯對產品觸覺的一個觀點：「當你開啟 iPhone 或 iPAD 的包裝盒時，我們希望那種觸覺體驗可以為你定下感知產品的基調。」通常來說，尤其是有形商品，你可以從產品設計、產品包裝、購物環境等角度來創意消費者的觸覺符號，建立完美的觸覺體驗。

也就是說，你的品牌要從材料設計形成獨特的觸覺感知。例如產品包裝材料、品牌宣傳資料、行銷手法乃至封面用什麼紙張，用什麼材質，都是一個觸覺的設計。

嗅覺符號創意

有心理學研究顯示：人們對嗅覺敏感度是所有感官中最強的。比如你正在睡覺，當你聞到咖啡味，你會快速做出反應：摩卡咖啡已備好，還是起床吧。

克里希納（Aradhna Krishna）教授認為，嗅覺訊息的運

轉機制直接與記憶連結，這與其他感官符號不同。許多品牌都努力開發自己獨有的專屬香味以形成嗅覺符號，產生嗅覺印記，並增加消費者對品牌的辨別度，這些品牌靠嗅覺留下記憶，嗅覺符號在食品上面，或者是在化妝品、飯店裝飾上面是大有可為的。如今氣味圖書館也在各大商場推廣，特別現在有熱敏技術，在包裝上甚至廣告上面手一擦一熱就能聞到的味道，已經在嗅覺上可以給我們提供創造新的可能。再比如希爾頓酒店專門調的香水就是嗅覺符號。

看不見、摸不到的氣味，快速刺激嗅覺，其影響深度不比其餘的符號功效低，食品與生俱來的氣味可以讓消費者對某食品快速形成購買指令，並刺激重複購買。一句「聞香下馬」的話，說明了嗅覺對食品產業的重要性。

嗅覺符號在服務業的品牌中運用的較多，例如新加坡航空、維多利亞的祕密、萬豪酒店都透過嗅覺建立了自己的符號體驗。有研究發現，噴上氣味的商品令消費者對其商品特徵的記憶更加深刻，並且這一效應會持續到兩週後。

味覺符號創意

「還是原來的配方，還是原來的味道」不知道你是否被這樣的廣告口號所折服。這就是味覺的文化原力。

味覺本身就是一個綜合感受，除了依靠味蕾，味覺體驗的形成還需要依賴嗅覺和觸覺的感覺，有研究顯示，味覺偏

好往往是在幼年、童年、少年時期形成的，因此很多餐飲、食品企業打下懷舊牌，例如點心「Aunt Stella 詩特莉手工餅乾」、食品「老媽拌麵」等等，只要能夠讓消費者嘗出一些記憶中的味道，就能獲得正面評價，成為積極的味覺符號。

味覺是食品的重要品牌符號，顧客就認準那個味道。維力炸醬麵，就做到了味覺極致行銷，以「香味」始終喚起消費者的味覺記憶。

4. 嫁接文化原力，創意購買指令 —— 故事指令創意

如果要進行生動化描述一個品牌，作為另外一種創意開啟方式，故事指令具有絕對的感染力。

為什麼人們那麼喜歡電影、電視劇，很多人甚至還追劇，就因為電視、電影在不斷地講故事，尤其是電視，每一集一個小故事，每一集又有承上啟下的故事關係。故事啟發人類思考，讓人上癮。

一個好的影片廣告也是要講述一個小故事。成長的故事，情侶相戀的故事，怦然心動的故事等等。因此，無論你的廣告是十五秒、三十秒還是一分鐘，除了有詞語 —— 廣告口號，更需要闡述一個完整的故事，雖然詞語的指令能控制人的思維，詞語的提煉讓影片廣告比電影、電視劇更鋒利，可是沒有故事，詞彙就是生硬的發號施令，不具有很強的煽動力。

　　廣告是品牌的一場秀，無論是影片廣告，還是圖文廣告，或者文字廣告，你都要講述一個故事，嫁接故事的文化原力，打動消費者。

做好品牌就是要製造故事

　　是什麼能讓一個人，或者一個品牌不斷地流傳下去，當然非故事莫屬。

　　印度有一句古老的諺語：「人與真理之間的最短距離就是一個故事。」實質上，這是一個故事高手可以而且必須做的事情：透過一個故事，讓聽眾一路走向真理。這就是說服的關鍵，這就是行銷的關鍵。

　　人類發展，就是由不同的人類戲劇組成，故事讓人物和事件主角鮮活，而且易於人們的傳播。人們都有愛聽故事的習慣，小時候，我們就聽媽媽講故事，聽爺爺奶奶、叔叔阿姨講故事。上學時，我們愛看故事。長大了，我們喜歡與人分享故事，給小朋友講故事，給身邊的朋友講故事……

　　我們都活在故事裡，作家給各式各樣的人編各種不同的故事，有童話故事，有成人故事，有帝王的故事，有百姓的故事，大眾花錢忙著買故事、看故事。人們對故事似乎沒有任何免疫力，《西遊記》、《三國演義》、《水滸傳》乃至《還珠格格》播了又播、拍了又翻拍，依然是老百姓喜歡看的故事。

第三章　尋找文化原力

　　導演不斷製造故事，將文學改編為影視劇本，螢幕故事，讓百姓花錢看故事。即使同一個故事，也願意再多看一次。這個世界時時刻刻都在上演故事，有歡樂的故事；有動人的故事，有真實的故事；有善良的故事，有邪惡的故事。

　　羅布‧沃克（Rob Walker）的行銷報告《買進》（*Buying In: The Secret Dialogue Between What We Buy and Who We Are*）旨在展示：透過理性手段，很少可以促使顧客選擇有價值的產品。相反，人們在選擇特定產品時，往往會聽從賣方講述的私人故事。

　　品牌要不斷製造故事，市場是舞台，產品是演員，消費者是觀眾，行銷策劃是劇本，組合在一起就有了故事指令。你看那些有名的品牌就是在不斷地製造故事，並不斷地重複故事。讓消費者邊看故事，邊認知品牌，同時不知不覺地選購品牌，傳播品牌。

　　歷史上著名的品牌都有自己的故事，例如，可口可樂有美國士兵的故事；迪士尼有米老鼠的故事；勞斯萊斯有手工匠造的故事……可以說，很多知名品牌就是由一個故事或多個故事而成。

　　故事是彙總和簡化訊息的好方法；故事就像過濾器，幫助普通人記住大量的繁雜訊息。其實，人類的本能就是吸收事實，並對它們進行連線和排序，直到變成一個合情合理的故事。

因此，品牌即故事，故事即品牌！做好品牌你就要嫁接文化原力，製造故事。

好故事要有情感共鳴

現在讓我們深入探討和思索人們購買某種產品的動機，以及促使消費者不斷做出決定的具體故事。為什麼我們會選擇購買這款產品？故事在這裡又扮演著什麼角色呢？

要知道，你的品牌是由無形的東西構成，有許多無形的因素——例如，回憶、廠商的傳聞或真相、公眾的意見、價值理念或錯誤觀點，甚至是消費者對你的產品的真實感受或誤導性感知——都會對客戶購買產品和品牌忠誠度產生巨大的影響。

如果你的產品是一款食品或者首飾，如何才能做到與眾不同呢？此時此刻，情感連結十分關鍵，它能讓你的品牌脫穎而出，成為消費者的不二之選。

緊接著，你應該如何創造真實的情感共鳴呢——特別是當消費者如此忙碌、疲憊不堪的時候？其實，你可以這樣思考：如果品牌是情感的東西，是產品的心臟，充斥著情感的脈搏。只有富有同理心的故事——才能創造人們與品牌之間的情感連結，並讓彼此雙方，建立你的「情感優勢」。

你的品牌故事要直擊人心，需要引起消費者情感共鳴，否則，就沒有任何作用。換句話說，人們購買你的產品的原

因是你的產品故事或品牌故事引起了他們的情感共鳴。如果你會講述精采的品牌故事，讓人嘆為觀止，那麼，猜猜看，人們在超市挑選你的產品的時候會怎麼做。從本質上講，如果你能精心設計出目標明確的品牌故事，那將會產生巨大的力量，成功讓消費者喜歡上你的品牌。的確，精采絕倫的品牌故事可以躲避人們的防備，偷偷溜進他們的心裡，成為開啟消費者購買指令的購買指令，讓消費者的購買行為自動播放。

跨進情感共鳴的時代，如今大多數產品基本上都一樣。實際上，有時消費者購買你的產品不是因為你做了什麼，他們是被你的故事所打動。

嫁接文化原力，創意故事指令

故事幫助我們與自己的真理連繫起來的程度，決定了我們辨別角色所展現的價值、信仰和感受的程度。在消費者世界中，故事的主要人物就是代表主角的消費者。他們面臨著種種衝突，因為什麼東西阻止了他們的功能需要或情感需求。當故事成為指令，透過其功能特性和基本信念，使客戶能夠克服這些衝突並實現其目標。

講故事就是你的品牌連繫客戶的有效手段，圍繞著一套共同的價值觀和共鳴理念，這是在強烈的情感連結基礎上建立人際關係的關鍵步驟。講好一個故事需要嫁接文化原力，

並從以下幾點出發。

第一個、故事要解決一個衝突

故事的有趣性在於，故事透過講述一個事情要解決一個衝突，作為品牌故事，你的故事最好解決一個大衝突，同時訊息要保持簡單。

你應該在創造故事之前，先設定故事的主角是誰？注意，品牌故事要強調單純性，不能像小說那樣複雜化，你只能選擇一個主角。其次是故事的主角想要是什麼？換句話說，主角顯著的問題是什麼？闡述這個問題的時候，需要結合內心情感、需要和存在於主角之外的具體物質需求。接著，是什麼阻止了主角取得自己想要的東西？最後，主角如何以一種非凡有趣且意想不到的方式去獲取自己想要的東西？例如，在愛情故事中，你知道戀人們想要表白，卻不知道你如何表白，德芙巧克力的品牌故事就是一個解決「如何表白」的故事。

故事大意是這樣的，德芙巧克力的創始人萊昂（Leo Stefanos）是個糕點師，為了向心愛的人芭莎公主表達自己的愛意，在芭莎的那份冰淇淋上直接用熱巧克力寫了幾個英文字母「DOVE」，正是「DO YOU LOVE ME」的縮寫。他相信如果芭莎心有靈犀，一定會讀懂他的心聲。萊昂緊張地盯著芭莎，看著那份寫著字母的冰淇淋轉到了她的面前，可是直

到上面的冰淇淋融化，芭莎也沒有仔細看那幾個字母，她只是發了很長時間的呆，然後含淚吃下他為她做的最後一份冰淇淋。

故事的衝突是，因為冰淇淋容易融化，而讓萊昂「表白失敗」。也就是說冰淇淋阻止了萊昂想要表達的東西。後來，萊昂決定製造一種固體的巧克力，使其可以儲存更久。經過精心調製，香醇獨特的德芙巧克力終於製成了，「DOVE」這四個字母被牢牢地刻在了每一塊巧克力上，萊昂以此來紀念他和芭莎那錯過的愛情，它雖然苦澀而甜蜜，悲傷而動人，如同德芙的味道。

從解決衝突來看，你的品牌將會透過品牌故事讓自身的功能特性和客戶利益，展現你所能幫助客戶實現目標和滿足目標需求，德芙巧克力的品牌故事就是解決了一個表達愛意的問題。

第二個、故事需要戲劇效果

一個非常有吸引力的好故事，可以讓人們情不自禁地聆聽和吸收，也必定會引導人們去購買其產品。換句話說，成功的故事高手誘導顧客選購的方式不是操縱而是參與。

人人都愛看故事，就在於其本身所具有的戲劇化情節。故事本身有自己的戲劇化效果，但要透過潛臺詞來表達弦外之音。因此，你所講的故事要深刻了解故事主題、語境和潛

臺詞的意義,這樣才能創造戲劇化奇蹟。例如「小雞啄米」的故事就具有戲劇化效果。

從前,有兩隻小雞正在啄稻米,突然遇到一隻大公雞,

公雞說:「小傢伙們,你們啄的稻米怎麼樣?」

小雞沒有應答,牠們繼續啄米。

後來,一隻小雞問另外一隻小雞:「稻米是什麼東東。」

品牌故事也應該有如此出奇的戲劇化效果,諸如在你的主角和配角如何在故事中發生變化?當然,這都是關於故事情節的問題,或許是真實的,或許是虛構的,就是這個變化讓故事引起觀眾出其不意,在情理之中,又在情理之外,引發情感共鳴。同時,你也可以以戲劇化方式結束這個故事,突出你的主題。德芙巧克力的故事就具有戲劇化效果。

德芙巧克力故事的戲劇化效果發生在萊昂與芭莎公主的久別重逢,萊昂後來見到了蒼老的芭莎,得知芭莎也深深地愛著萊昂,因為冰淇淋融化表白愛意失敗,而讓雙方互不知情。他開始悔恨自己的愚蠢和疏忽,為什麼要在冰淇淋上面用熱巧克力寫字。由此,而想到了決定製造一種固體的巧克力,來表達愛意,使其可以儲存更久。

品牌故事結尾突出了品牌主題,用德芙巧克力傳遞輕聲的愛情之問:「DO YOU LOVE ME」,也是創始人在提醒天下有情人,如果你愛他(她),請及時讓愛的人知道,並記

得深深地愛，不要放棄。

　　第三個、用什麼文化形式來講故事

　　現在，如果你的故事既能解決品牌的衝突，又有戲劇效果，那麼，你應該非常清楚你的故事講述的具體內容了。現在是時候來考慮你的故事以什麼方式來講了，並付諸實踐，看看它是不是真的奏效！

　　你想如何講述你的故事？應該用什麼載體來講這個故事？如果你要講故事，應該使用什麼敘事技巧？或者表述方式？

　　當然，你可以用文字、影片、或者漫畫來講品牌故事，每個形式根據不同的傳播載體，用不同的形式來呈現。需要注意的是，任何好故事，無論多或少，你都要以一種原創新穎的方式傳遞下去。

　　當然，無論你的品牌故事以何種方式呈現，首先要思路清晰，只有思路清晰，才有助於創造一個連貫的精采故事。

　　無論你以什麼方式講故事，你所講的故事一定要通俗易懂，而且要有趣。如果消費者不明白你的故事，那麼，這不是他們的錯，因為消費者永遠不會錯。一個很主要的思維角度是，觀眾的工作是聆聽和消化，是你來適合消費者，而不是消費者適合你。因此你最好是講一個精采引人的故事，讓消費者津津有味地聽，欲罷不能地尋找故事的商品。如果真

的很精采，就會引人注目，你的故事就會傳播開來。

我來總結一下，品牌與行銷是一場沒有硝煙的戰爭，傳播決定了輸贏與成敗，優質的創意內容一定讓人一看就懂，一看就喜歡，一看就行動並且過目不忘。唯有嫁接文化原力的購買指令才富有生命力，在行銷之戰中取得勝利。

總之，無論是符號創意，還是故事指令創意，我們必須弄清一點：創意表達的目的都並非是為了創意，而是為了透過創意形成「購買指令」，為了讓消費者行動，讓他們不自覺地、不經意地按照「購買指令」選購商品。

TIP：

1. 嫁接文化原力，創意購買指令 —— 符號指令
2. 符號的功能就是濃縮並精準傳達訊息的指令，文字（語言）符號是第一購買指令。
3. 符號創意的重要方法是圖形同構與原始替換
4. 感官符號（視覺、聽覺、觸覺、嗅覺、味覺）不一定是第二購買指令
5. 嫁接文化原力，創意購買指令 —— 故事指令創意

第四章　尋找誘因原力

「雖有智慧，不如乘勢；雖有鎡基，不如待時。」

—— 《孟子·公孫丑上》

　　這段古話告訴我們做事情要找準時機、把握住機會，否則有再好的條件也無濟於事。

　　行銷認知戰中，要找準發射訊號的時機，把握好時間，一旦貽誤時機，沒有與布局配合好，或者被競爭者搶先，就算再好的創意，也會事倍功半、甚至功虧一簣。行銷傳播就是訊號刺激，刺激越強越有效。掌握行銷訊號刺激的有效方法便是發動內容整合、媒介整合、行動整合的整合行銷傳播，透過一致性、持續性、多頻率的整合行銷傳播鑄成超級購買刺激，培養消費者的慣性需求，促進消費者的購物行動。

誘因原力的來源

1. 誘因原力：來自消費者對事物的條件反射

不管你的購買理由如何有說服力，你的購買指令如何直指人心，要讓消費者採取購買行動，你還需要一個重要的步驟，那就是購買刺激。

購買刺激是啟用你的潛意識，讓你不知不覺地按照購買指令行事。你可以設計購買指令傳播的手法，用媒體宣傳、策劃活動等多種形式組合的刺激反射。在誘因原力下，你透過購買刺激傳達給消費者購買指令，他／她回應給你一個行動反射——買！

誘因原力源自「條件反射」（經典條件反射、操作條件反射）和「刺激——反應理論」。

首先，我們來看看經典條件反射理論

巴夫洛夫著名的「狗聽見鈴聲流口水」的實驗，證明了經典條件反射，是先天本能和後天環境的連結。雖然已經過去一百多年，但仍然讓人印象深刻。

條件反射是人出生以後在生活過程中逐漸形成的後天性

反射，是在非條件反射的基礎上，經過一定的過程，在大腦皮層參與下完成的，是一種高級的神經活動，是高級神經活動的基本方式。巴夫洛夫從視覺、聽覺、味覺、觸覺等各種感官當中提煉出最核心的部分，發現了經典條件反射，它是生物本能和外部環境刺激的連線。

例如小時候我們吃過梅子，當看到梅子圖形、照片的時候，也會流口水。這就是我們在曾吃過梅子流口水的基礎上完成的條件反射。

經典條件反射給了我們兩個啟示：

一是在消費者的心智中，存在認識某些事物的先天本能，比如看見漂亮的產品設計、可愛的包裝，你會心生愛意、很想親近。

二是消費者的購買決策會受到外部環境刺激的影響，當先天本能（你對某件商品喜歡或對商品的某些特徵有好感）與外部環境誘因（購物氛圍）產生連結，就會形成購買刺激。

如當你看到櫥窗裡璀璨的鑽飾項鍊、耳環等首飾，與外部「情人節」的氛圍（誘因）產生連結，當你受到這個條件刺激，就會情不自禁地購買。

其次，我們再來看看操作性條件反射

操作性條件反射是自主行為和外部環境之間建立起的一

種連線，會帶來行為方式的改變，與經典條件反射共同構成條件反射的兩大分支。操作性條件反射理論的創始人是心理學家史金納。他一九八四年設計了著名的「史金納箱」，觀察到了生物的自主行為和外部刺激之間的關聯。

　　史金納先後選取了白老鼠、鴿子等動物進行實驗，實驗證明透過不斷的「學習」，白老鼠、鴿子能夠非常準確地找到獲得更多食物的奧祕。這種「學習」的過程，就叫做操作性條件反射。操作性條件反射最關鍵的一步，就是對「後果」的強化。動物把自己的行為和這種強化建立起關聯，主動改變了自己的行為模式。操作性條件反射說明，只要是對行為的後果給予不斷強化，就可以建立起行為和後果的關聯，而這種關聯可以帶來行為模式的改變。

　　操作條件反射給我們以下啟示：

　　消費者透過自主行為（受到購物獎勵）和外部刺激（如行銷活動、廣告宣傳）之間的「學習」，就會形成購買刺激。如購物節「雙十一」、百貨公司的週年慶等就是一個重要的條件刺激，這個是購買刺激是你被多次「學習」過來的。

條件反射，也可以因為條件的改變而消退

　　當然，如果長時間不接觸到和之前同樣的條件刺激，之前所建立的關聯就會慢慢恢復到自然狀態，此時條件反射消

退了。比如說，狗在自然狀態下聽見鈴聲本來不會分泌唾液，牠只有在咀嚼食物的時候才會有這種本能反應，如果你長時間以來只是搖鈴卻不給牠食物，便會出現條件反射的消退，也就是狗聽到鈴聲不再流口水。對於操作性條件反射，結果也是一樣的。就比如說，你十年前考了駕駛執照，能把汽車操控自如，但之後這些年你卻一直沒有開車，慢慢地，之前建立起來的操作性條件反射就會消退。

要讓條件反射不消退，就涉及到一個條件的強化方式問題。強化的方式分為連續強化和間歇性強化。其中，連續強化適用學習的初期，間歇強化適用於後期的維持。

最後，我們來看看刺激 —— 反應學習理論

人不僅對顏色、氣味等現實的具體刺激（第一訊號）產生條件反射，還可以對抽象的語言、文字、聲音（第二訊號）等產生條件反射。單純刺激變為具有抽象意義的語詞的訊號，它經常受到來自第一訊號系統的校正，以使人的認知與現實的關係不至於完全被割裂。巴夫洛夫認為，條件反射的系統一再重複，就越來越鞏固、越來越易於完成、越自動化。

行為主義心理學之父約翰・華生在巴夫洛夫的經典條件反射影響下，研究出了應用在廣告上的「刺激 —— 反應學習」理論。該理論認為，有機體的行為完全是以刺激與反應

的術語進行解釋的。他不考慮有機體的內部狀態，認為這一部分是「黑箱」，因此，該學說的公式也是「刺激 —— 反應理論」。

值得注意的是，華生曾在曾經紐約經營廣告事業，其行為主義思想在學術界以及商業界影響深遠。華生認為學習的實質是形成習慣，而習慣是透過學習將由於遺傳對刺激做出的散亂、無組織、無條件的反應，變成有組織、確定的條件反應。

華生的「刺激 —— 反應學習」理論實踐主要兩個方面：

一個是「頻因律」（frequency），能解決問題的動作在每次練習中是不可缺少的；這種「刺激 —— 反應學習」刺激聯結建立的次數越多，聯結越牢固。給我們啟示就是傳播效果與頻率、頻次相關，透過重複次數建立刺激，就會達到很好的效果。

另一個是「近因律」（recency），讓嘗試與錯誤過程最後的成功動作，總是在前一次練習中的最後一個動作，於是，在下一次練習中，這一動作必獲得較早發現。給我啟示就是行銷傳播要有持續性、連續性，而且核心購買理由要聚焦，保持連續性。

購買刺激是行銷的臨門一腳，是消費者購買行動的最後一環。你可以透過行銷活動、媒體宣傳等方式，傳遞購買理

由，透過啟用購買指令，讓消費者不經意地選購你的品牌，同時，為了保持購買刺激的連續性，你還要將購買刺激的條件反射持續下去，最好是可以週而復始地循環。

2. 行銷傳播就是發訊號，訊號越強越有效

訊號包含很多意義，前面講的購買理由是訊號，符號、戲劇化表達的超級購買指令也是訊號，這裡主要講講消費者刺激的訊號「訊息來源」——來源和「訊息載體」——媒體。比方說，甲、乙、丙三個牙膏品牌分別做廣告，甲品牌在廣告中用穿白袍的知名醫生講解牙膏的好處，在電視新聞頻道播出；乙品牌在廣告中用白袍的醫生說品牌的好處，在高鐵廣告中亮相；而丙品牌廣告中用普通人說品牌的特點、好處，將其張貼在社區公布欄。

那麼這三個品牌的訊號刺激哪個最有效呢？當然是甲品牌最有效。

因為甲品牌廣告中的知名醫生是該廣告的訊息來源，就是第一個訊號，電視新聞頻道作為發射訊號的媒體，就是第二個訊號。這兩個訊號都具有很強的可信度與公信力的原力，疊加在一起就成為具有超強信任度的超級訊號，理所當然就最有效果。

同樣的，乙品牌廣告中的兩個訊號——醫生和高鐵廣

告，相比甲品牌其可信度、公信力自然要弱些。而丙品牌，廣告中用普通人和社區公布欄這兩個訊號就弱太多了，即使該品牌確實有很好的功能，很難讓消費者相信這個品牌。

因此，甲品牌最有效，乙品牌次之，丙品牌最弱。

行銷認知戰中，我們不僅要讓消費者知道該品牌，認知品牌的購買理由，更要讓他們相信該品牌。否則我們說的再好，消費者不相信，也是功虧一簣。而要讓消費者相信你的品牌，其根本是要解決可信度與公信力的問題。這就需要你所發射的訊號刺激要足夠強、足夠大，才能足夠有信任、才有足夠的說服力。

消費者為什麼更容易相信甲品牌，更信賴這個品牌，因為甲品牌上榜了兩大訊號：知名醫生、電視頻道。從常識來說，能上電視打廣告，一定花費很多錢，說明你的品牌有實力，你有這個實力，說明很多人買你的產品，消費者的思考方式是「很多人買的產品就是好產品」，因此，按照這個邏輯，我應該選擇你。

這也就是為什麼很多品牌商願意花巨資請名人、上電視的原因，其實很重要的一點就是借用名人與電視的品牌信任度，形成品牌背書。

下面我就來說說影響購買刺激的誘因原力。

3. 購買刺激的誘因原力：訊息來源

經濟學家認為，企業與消費者之間存在訊息不對稱，企業做什麼品牌，值不值得信賴，消費者不知道，為了解決這個不對稱的問題，企業就要目標客群發射訊號。

行銷傳播就是發訊號，影響消費者購買刺激訊號的第一個誘因原力是 —— 訊息來源。

心理學中的感知是人們對感性刺激進行選擇和組織，並且對其解釋為有意義的、相關的來源的過程。來源要足夠權威、可靠，就是誘因原力。

行銷傳播就是發訊號，來源就是第一訊號刺激。耶魯大學研究中心在「誰，說了什麼，對誰說，以及產生什麼效果」的架構中，研究了影響力變數的三個源頭，其中來源（訊息來源）是第一個重要的源頭：

誰 —— 訊息來源（專家、可信度）

什麼 —— 訊息內容（訴求、資料數據）

對（誰） —— 受眾特徵（性格、易受影響的程度）

關於來源可信的研究成果，參與耶魯大學研究中心的心理學家卡爾·霍夫蘭（Carl Hovland）和瓦爾特·韋斯（Walter Weiss）提出了來源可信度理論，並認為專業度和可靠度是構成消費者信任的要素，他們發現，同樣一條訊息，可信度高的來源比可信度低的來源更容易導致受眾觀念的明顯轉變。例

如，產業專家在專業的產業刊物上發表的關於人工智慧的文章，要比在生活類報紙記者撰寫的類似文章更有分量。

在來源可信度方面，耶魯大學研究學者發現兩種可信度類型——專長與品性。所謂專家，也就是那些看上去知道他們在哪方面有所長，以及在談論什麼的人；另一方面，受眾通常根據他們感知到的誠意來判斷品性。就促進觀念改變而言，專長比品性更有效。

專家、學者經常會被請來證明某個不確定的承諾，如品牌商得到大家的信賴，他就可以使自己的承諾給人留下很深的印象。如果他的話是真的，這些話就可以成為行銷傳播中的主要部分；如果不是真的，這些話則可能讓品牌廠商自食其果，遭到媒體的排斥。有意思的是，有的品牌商多年來一直在宣傳某一個訊息，最後這個訊息卻被證明是錯的，例如喝核桃汁或者核桃飲料補腦就是不正確的宣傳訊息。

讓人印象深刻的承諾如果準確的話，會讓人更印象深刻，並記住你的品牌。所以，為了得到實際的數字，消費者做了很多的實驗驗證。例如，消費者知道某一種飲料有很高的營養價值，但這個簡單的論點不會有什麼說服力，你可以把這種飲料送到實驗室去，發現它含有豐富的維生素，而且一杯兩百毫升的飲料相當於二十個奇異果的維生素成分。若將這一發現宣傳出去就可以讓人印象更深刻了。

　　為了讓消費者快速判斷你的訊號是值得信賴的,我們最好使用一些權威訊號。每當面對人類行為背後的一種強力推動因素,我們都會很自然地想到,這種推動因素的存在是有著充分的理由的。而作為權威訊號的來源,具有超級的行為推動力。

權威訊號

　　被人類普遍接受的多層次權威體制能賦予社會巨大的優勢,有了它的社會結構才得以可持續發展,無論是西方,還是東方,都對權威有與生俱來的服從、頂禮膜拜,對權威的崇拜也潛藏在人民的集體潛意識裡。

　　在品牌行銷中,權威原理發揮了權威訊號。即使在沒有真正權威的情況下,只要你的來源拿出權威的象徵訊號就能夠將消費者降服。其中有三種(頭銜、服飾和身分)象徵權威的訊號能十分有效地觸發我們的順從態度。

　　第一種是頭銜

　　第一種可以觸發我們順從的權威象徵是頭銜,頭銜是最難也是最容易得到的權威象徵。生活中某某專家、教授、老師、企業導師、醫生、律師、軍人這些標籤便是頭銜。有研究顯示,頭銜比當事人的本質更能影響他人的行為。頭銜除了能讓陌生人表現更恭維,還能讓有頭銜的那個人在旁人眼裡顯得更高大。

第二種是服飾

服飾是第二種可以觸發我們順從的權威象徵。你應該發現一個有趣的現象，很多賣保健品的業務員，如果穿上醫生的白袍，帶上醫生的小白帽，他會更容易被消費者所信賴和認同，這就是服飾的權威訊號。因此，醫生的白袍、博士生的學位服、軍人的綠色軍裝、警察的制服等等，就是權威訊號象徵。

第三種是身分

衣著除了可以發揮制服的作用，還可以用於裝飾性的目的，表現更廣義上的權威。精緻、上等的服飾承載著地位和身分的光環，珠寶和汽車等類似的身分訊號也意義，如勞斯萊斯展現權威的身分。

研究顯示，消費者無法正確預測自己或他人面對權威的影響力會做出什麼樣的反應。每一次，消費者都嚴重低估了權威的影響力。權威地位的這種特性或許可以說明把它當成順從策略為什麼會如此成功。

每當你的行為受到相互衝突的態度時，專業人士的出場就成為牽引行為的專家，並成為領導者，而你對權威人物的下意識反應便是處在服從的模式，這就是權威原理帶來的影響力。

除了上述權威訊號，至少還有五類來源可以為你所用：

第一類是「崇拜追隨」。

崇拜追隨也是非常重要的品牌原力，哪些是流行款？這些款式中，有屬於品性可信度類型的名人、明星，有屬於專長可信度類型的企業家、專家、資深學者。你的品牌有這些流行款，行銷就會水到渠成、事半功倍。此外還有一類流行款是知名品牌，把你的品牌與知名品牌一起做活動，聯名做宣傳，就是很有效的方式。

第二類是「明星捧」，這裡說的明星，是指企業的明星、品牌的明星，屬於專長可信度類型。

例如你企業的創始人、CXO 就是企業明星，包括董事長，總經理，執行長，首席行銷長等等。作為企業明星，你應該以職務為前提，職業生產內容，又稱之為 OGC（全名為 Occupationally-generated Content，職業生產內容）。近兩年為了更大範圍地拉近與消費者的距離，所以越來越多的品牌開始設立企業明星、明星代言人……. 原因很簡單，因為品牌首先要自己勇於發聲，同時表明的是：我們與你在一起，我們比你更懂你。我們不僅僅讓你需要我們，更首先讓你知道我們懂你。

第三類是「KOL 抬轎」，網路時代，成功的品牌塑造是要先有深度介入的 KOL，再有感受型使用者，再到消費者型客戶。

　　KOL 中文為「意見領袖」，屬於專長可信度類型，指擁有更多、更準確的產品訊息，且為相關團體所接受或信任，並對該團體的購買行為有較大影響力的人。KOL 對產品介入度較深，有更廣的訊息來源、更多的知識和更豐富的經驗。他們具有極強的社交能力和人際溝通技巧，且積極參加各類活動，善於交朋結友，喜歡高談闊論，是團體的輿論中心和訊息釋出中心，對他人有強大的感染力，同時也是你新產品的早期使用者。正因為如此，作為消費者，他們對產品的使用體驗有一定話語權，出於愛好，貢獻自己的知識，形成內容來源，又稱之為 PGC（全名為 Professionally-generated Content，專業生產內容，專家生產內容之意）一旦 KOL 推廣你的品牌，想不紅都難。

　　第四類是「網紅誇」，網紅，即網路紅人，指在現實或者網路中因為某個事件或者某個行為，而被網友關注從而走紅的人或長期持續輸出專業知識而走紅的人，屬於品性可信度類型。

　　阿滴是網紅，Joeman 是網紅，他們的走紅皆因為自身的某種特質在網路作用下被放大，與網友的審美、審醜、娛樂、刺激、特長、品味以及看客等心理相契合，有意或無意間受到網路世界的追捧，成為「網路紅人」。網紅通常雖然無專業知識和資質，可在所共享內容的領域具有一定的知識

背景，又稱之為 UGC（全名為 User Generated Content，使用者生成內容之意）。若你的品牌擁有幾十萬、上百萬的粉絲，就會具有超強的變現及賣貨、帶貨能力。從市場前景上看，數位化、電商與社群媒體正逐漸改變消費者行為與生活習慣，網紅行銷已成為全球行銷界都廣泛關注的話題。

第五類是「網友讚」，網友稱讚最直接的就是成為口碑。

碎片化的傳播雖然割裂了行銷的節奏，少了強勢媒體的轟炸，但卻讓你的行銷更加主動，有更多的參與感，有更多的「粉絲」能參與幫助決策。網路還有一個很重要的特點，就是讓每個網友都成為「媒體人」，這些特點讓網友的力量越來越大。得網友者得天下，如果能讓網友自發參與你的品牌傳播，讓網友紛紛發聲正面訊息，你的品牌不僅能知名度提升，更能成為網友信賴的品牌。

史金納提出了一種「操作條件反射」理論，認為人或動物為了達到某種目的，會採取一定的行為作用於環境。無論是流行款、KOL、網紅，還是網友，都具有採取一定的行為作用於環境的超能力，你若用好這個超能力，就會讓你的品牌搭上成長列車。

粉絲經濟時代，得粉絲者得天下。要贏得一場行銷心智攻略戰役，要看你嫁接誘因原力，其中第一個就是來源。

4. 購買刺激的誘因原力：媒體

當品牌購買指令業已形成，就要快速覆蓋目標市場的目標客群，從傳播品質和傳播效率形成強而有力的刺激，這就不得不透過另外一個誘因原力 —— 媒體來傳播。

行銷傳播就是發訊號，影響消費者購買刺激訊號的第二個誘因原力是 —— 媒體。

行銷傳播就是訊號刺激，打廣告是一種，做活動是一種，店鋪的位置也是一種。訊號刺激的第二個指標是媒體，媒體要足夠權威、足夠貴。如果訊號不權威，又不貴，則沒有效果。

從 80/20 法則來看，在整合行銷中，你的媒體支出費用所占比例是你總行銷費用的百分之八十或者更多，作為行銷負責人你怎麼看媒體價值，決定如何運用媒體。

很多業界人士認為，一個新品牌上市，從創意和媒體的重要性來看，創意的重要性要遠大於媒體。也就是為什麼，很多品牌喜歡找策劃大師、知名廣告公司做創意的原因。我不苟同該觀點，媒體作為一種稀缺資源，所花費的資金巨大，對於新上市的品牌而言，創意和媒體應該同等重要。

為什麼這麼說，因為你發動行銷宣傳的目的主要在於建立消費者對你品牌的認知。

在快魚吃慢魚的時代，恰當的媒體策略，不僅可以避免

資源浪費，而且是你的品牌快速搶占消費者第一心智的關鍵點。相反，若媒體策略不當，不僅不能第一時間建立品牌認知壁壘，還會痛失市場先機，更糟糕的結果就是你的企業面臨資金短缺或者資金鏈斷裂，最終無疾而終。媒體是資源，你的媒體策略對行銷成敗有著舉足輕重的作用。正因為如此，每年因為媒體策略失誤導致倒閉的品牌數不勝數。

媒體決策是行銷策略的重要部分，如果你正在負責一個新品牌或者老品牌更新品牌策略，你會如何選擇媒體投放，做媒體決策？

通常，為了安全，你會在預算範圍內，從媒體的特點，觸及率，覆蓋率，互補率來進行優選。如果你按照這個思路來制定媒體計畫，那麼顯然會步入把媒體預算安全用完、好交差的陷阱。其實，我想說的是，你有沒有跳出這個框框，從另外的角度來思考如何運用媒體，發揮媒體的勢能，使其成為品牌行銷的競爭優勢。

在行銷的認知戰中，無論你所創意的內容有多麼吸引人，數據多麼充分，最重要的是要讓消費者相信你的廣告內容，相信你他們才有可能成為你的消費者。如果不相信你，無論廣告創意、行銷內容再好，效果也微乎其微，甚至效果為零。要讓消費者相信你，其實並不難，雖然某些媒體只是訊息告知，而有些媒體就具有讓消費者相信你品牌的功能特

質，例如透過可信度與公信力越強的媒體發射訊號，消費者也就越相信你的廣告創意。

行銷就是發訊號，媒體訊號越貴，則訊號越強、越有效。

業界將行銷媒介分為三類，即付費媒體、自有媒體、贏來的媒體，作為媒體選擇組合每一類媒體都有它的特點與價值。

第一類、付費媒體，具有無可替代的即時性和規模性，在關鍵時刻，總可以發動大量消費者的關注。

付費媒體主要分以下幾種：第一種是官方媒體，具有公信力和震懾力，例如老三臺、各大報等，以及地方、官方媒體，例如某某市電視臺、地方日報等。第二種是大型交通樞紐媒體，例如機場、高鐵、火車站等。第三種是城市媒體，例如城市戶外、辦公室電梯、公車站等。第四種是停車場、公布欄、社區告示等等稱之為其他類媒體。

第二類、贏來的媒體，贏來的媒體是長期品牌行為的結果。贏來的媒體是一個古老的公關術語，讓你的品牌進入自由媒體，而不是付費購買廣告。

例如與電視臺、報紙、刊物的關係比較好，你可以邀請這些媒體記者、編輯幫忙宣傳品牌。隨著網路的發展，新媒體的崛起，目前社交媒體平臺成為強勁的贏來的媒體，你還

可以由使用者（例如 KOL、網紅、粉絲）釋出體驗、心得形成的口碑傳播，讓贏來的媒體的能量更大。

第三類、自有媒體，即自媒體用以建立品牌自己的媒體生態系統。自媒體的品牌內容有可移植性，品牌內容不止能存在官方網站，你也可以在其他媒體管道開始經營媒體社群。自媒體是可掌控全通路，你公司的網站、FB、IG 都是自媒體。哪怕在經濟衰退預算削減時，你仍可以透過此類媒體與消費者溝通。

在傳播計畫中，將訊息與誘因原力 —— 媒介嫁接，將以上幾類媒體做出最優的媒體組合，讓媒體策略成為購買刺激的優勢。

5. 購買刺激的誘因原力：活動行銷

無論是新品上市，還是老產品重新定位，亦或是有新的行銷計畫，都依賴一場活動行銷，將購買理由、購買指令與消費者雙向溝通，鼓動他們嘗試、參與，激發他們的好奇心和購買慾。

行銷就是發訊號，影響消費者購買刺激訊號的第三個誘因原力的是 —— 活動行銷

為什麼要以活動行銷作為第三個誘因訊號呢？

因為，活動行銷本身具有的儀式感是消費者表達內心情

感最直接的方式，早已存在於人類的集體潛意識中。千百年以前出現的祭祀、狩獵、戰爭、慶賀等就是具有儀式感的活動。

此外，還有一個心理學觀點可以解釋這個原因。心理學家費斯汀格（Leon Festinger）認為，人在外部支持的理由不充分的時候，會透過改變自身態度來保持言行一致。

社會學家認為，我們模仿的傾向與生俱來，我們的社交感知力會自動對別人的社交行為做出回應。當你看到有人打哈欠時，你往往也會跟著打哈欠；當你看到有人抓頭時，自己也會跟著抓頭；當你看到有人在某個店前面排隊，你也會跟著排隊，這就會出現一個現象，你會發現人多排隊的地方，會越排越多，像魚一樣，你的行動會自發地跟周圍的同類保持一致。

在購物情景中，即便外部支持的理由——品牌所展現的購買理由不夠充分，消費者也會透過改變自身態度來與其他消費者保持言行一致。比如，某商場有品牌打折活動，當你看到你周邊的人都蜂擁而至參加該品牌的活動，你也會被現場活動所吸引，不知不覺地參與活動中，活動行銷就是藉助消費者與其他消費者「保持言行一致」的動機原理，讓消費者行為發生改變。

那麼，活動行銷怎樣創意，才能讓活動「活」起來？

　　無論是線上活動，實體活動，要做好活動行銷，需從「儀式感、互動環節」兩個方面進行創意。

　　第一個，要有意義的儀式感

　　儀式感其實是嫁接了文化原力，亞洲人向來注重「儀式感」。我們的祖先給自己設計了很多儀式感，至今生活中常見的婚禮、節慶等，就具有很強的儀式感。當我們處在某個事情、某個時機，就需要一些儀式感的東西來提醒我們，並賦予我們更多的生活意義。

　　因此，成功的活動行銷首先要嫁接富有儀式感的文化原力。情人節、中秋節、春節這些傳統的文化節日有儀式感。嘉年華、潑水節這些由國家倡導的活動也具有很強的儀式感。

　　第二個，要有意思的互動環節

　　消費者體驗品牌、感知品牌的重要觸發點是與品牌互動，在他們與品牌互動中，他們自然而然地被品牌能量所感染，並引起他們的情感共鳴，既傳遞了品牌購買理由，又增進了他們對品牌的認知與好感。

　　互動性是促使消費者積極參與活動，讓活動行銷「活起來」的關鍵點，可以說，互動性強弱決定了消費者的參與度與廣度，活動辦的好不好，就看它的互動性怎麼樣。

　　活動的互動性創意的要點是，讓參與者完成任務，比如

知識問答、知識分享，或是現場體驗、互動遊戲，或是線上殺價、線上積點等等都是好創意。注意你所設計的這個任務一定不能複雜，要越簡單越好，越簡單的活動參與性越好。

活動行銷讓消費者的行為按照你的活動議程而發生改變，嫁接誘因原力 —— 活動行銷，不僅建立一個購買觸發時機，也是鼓勵並培養消費者「嘗試」品牌的行為。

嫁接誘因原力，策劃購買刺激

1. 嫁接誘因原力，策劃超級購買刺激

除了以上三個誘因原力 —— 來源、媒體和活動行銷，還需要嫁接「頻因律與近因律」的原力，「頻因律與近因律」強度與在一定時期的重複次數直接相關，同樣的訊息，重複的次數越多，其強度越大。

正如史金納所說的：「重複動作或行為對人的行動決策產生很大影響。」在滿足來源和媒體的條件刺激下，重複的次數越多，刺激反射就越深刻。例如，每週電視劇插曲或廣告歌，剛聽第一遍時你會感到陌生，然而一週或者一個月下來，你就會唱了。

我要強調的是，你的品牌訊息需要所創造超強的購買刺激，需要重複！重複！再重複！。從長遠來看，品牌的重複記憶需要時間，需要日積月累，時間越長、越久，刺激越大、品牌越強，就越是大品牌。

在行銷傳播中最能嫁接「頻因律與近因律」的誘因原力就是整合行銷傳播了。

　　整合行銷傳播的原理是使多個要素相加的整合力，將各種有限資源往一個方向集中、聚焦，達到「整體大於部分之和」。整合就是握緊拳頭，一根指頭打人沒感覺，五根手指握在一起，向拳心緊握，就能形成具有能量的拳頭，雙手合拳，才能形成超級組合拳。

　　根據唐·舒爾茨（Don Schultz）與斯坦利·田納本（Stanley Tannenbaum）、羅伯特·勞特朋（Robert Lauterborn）所共同撰寫的《整合行銷傳播》（*Integrated Marketing Communication Theory and Practice*）一書，這樣的定義：整合行銷傳播一方面把廣告、促銷、公關、、包裝、新聞媒體等一切傳播活動都涵蓋到行銷活動的範圍之內；另一方面則使企業能夠將統一的傳播資訊傳達給消費者。所以，整合行銷傳播也被稱為 Speak With One Voice（用一個聲音說話）即行銷傳播的一元化策略。

　　當然，整合行銷傳播並不是最終目的，而只是一種手段，其根本就在於以消費者為中心。在整個傳播活動中，它的內涵具體表現在以下五個方面：

1. 以消費者資料庫為運作基礎。
2. 整合各種傳播手段塑造一致性「形象」。
3. 以關係行銷為目的。
4. 以循環為本質。
5. 行銷手段具有關聯性。

　　透過發射訊號刺激，嫁接誘因原力的整合行銷，整合刺激的複利，可以不斷讓消費者產生記憶和重複記憶，培養消費者的慣性需求，促進消費者的購物行動，就是超級購買刺激。

　　下面我來談談整合行銷到底如何整合？

　　第一、「訊息整合」嫁接誘因原力，組織購買刺激

　　科技的高速發展，帶來訊息量的膨脹，主要表現為消費者每天所接觸的訊息太多，製造了行銷傳播混亂。

　　訊息整合包括兩層意思，一個是內容整合和訊息來源整合。

　　訊息內容整合是整合行銷首要解決的，為了終結行銷混亂，我們要保持行銷傳播的訊息內容簡潔性，即「用一個聲音來說話」，意思是你的品牌與消費者溝通所輸出的購買理由在每個傳播管道上保持一致，讓消費者在不同的場合看到相同的購買理由。

　　當然需要注意的是，這個同一個聲音並非是絕對的統一。

　　在將購買理由轉化為購買指令過程中，要以購買理由為中心，同時保持購買指令表達形式的多元化。什麼意思呢，就是你在戶外廣告的購買指令可能是符號創意，你在 IG 自媒體上可能是戲劇化表達，你在外面與消費者分享可能是故事指令。每個購買指令的表達方式適合不同的媒體、是不一樣的，也就是說在什麼地方用因地制宜的表達方式。

訊息來源整合就是要運用不同的專家、頭銜、服飾、身分等權威訊號。讓訊息從源頭上具有權威信任度，專家形象的權威度越高越好。

第二、「媒體整合」嫁接誘因原力，組織購買刺激

媒體高度發達帶來的最為直觀的結果是媒介絕對量的增加，即便企業花巨資製作的創意，也可能會被淹沒在浩瀚無邊的訊息海洋裡。

市場行銷中強調記憶留存度和重複，不論是人、詞語、影像還是產品，容易想起來的東西往往會更令人喜歡，更令人信服，也更能影響我們的行為，容易理解就容易接受。

如今你不得不珍惜和消費者接觸的「第一次」，甚至「每一次」機會，很可能「第一次」也是「唯一」的一次，「每一次」都是最後一次——畢竟，你只有很少的機會或者一次機會給人留下深刻的第一印象。

品牌資產的累積靠什麼？就靠重複。媒體整合就是把各個媒體管道的「每一次」，形成「多次」累積，整合付費媒體、自有媒體、贏來的媒體，發揮每一類媒體的特點與價值。讓行銷訊息與消費者在不同時間、不同地點的「每一次」相遇累積疊加，積少成多，就能不斷地形成品牌資產。

此外，加拿大學者麥克盧漢（Herbert McLuhan）曾經提出過「媒介即訊息」對媒介高度概括，換言之「訊息即媒

介」，也就是說，只要該對象具備傳播訊息的載體功能，那麼它就是媒體。在成本高昂的媒體時代，經營好「自媒體」對品牌宣傳極為主要，我認為「自媒體」不僅僅侷限於網路社群，只要是你的企業或自己擁有、可以展示的訊息載體都可以是「自媒體」。

一個小小的紙杯是自媒體，在紙杯上出現一次，是一次廣告；店頭是自媒體，在店頭上出現一次，是一次廣告；商圈是自媒體，在商圈上出現一次，又是一次廣告；活動也是自媒體，在活動上出現一次，又是一次廣告；衣服是自媒體，在衣服上出現，也是一次廣告。

例如，星巴克的門市可以說是星巴克最大的自媒體，一個店頭、一個杯子、一個圍裙、一個紙巾盒、一個手提袋等等，都是星巴克的自媒體，星巴克門市所在的地理位置（通常開在繁華路段）就是超級訊號。

利用「重複曝光」效應，就算消費者沒有真正留心過你的品牌也沒關係，只要他們之前聽到過這個名字，就會更容易接受它。你應該營造無所不在的機會，利用一切機會向目標消費者重複你推介的品牌。

第三、「活動整合」嫁接誘因原力，組織購買刺激

活動行銷，將訊息以現場直播的形式，演變成超級自媒體。

　　活動行銷是你的品牌與消費者發生化學反應的催化劑，你可以透過儀式感和各種互動方式，將品牌價值、購買理由、超級符號、商品展示等訊息凝聚成一體的超級品牌訊息包，這個訊息包就是超級能量包，就是超級自媒體，形成極強的購買刺激。

　　訊息即媒介，你可以將大型現場活動當作一個超級自媒體。如果在商城裡面開展的活動行銷，那麼活動現場的形象牆、海報、道具、展示臺、音響、影片等要素就是你品牌最大的宣傳媒體，哪怕在五十公尺、一百公尺外都能影響觀眾，吸引大家參與。

　　除了現場活動所具有的自媒體功能，你還要以活動為宣傳時機，充分運用各類媒體（自由媒體、付費媒體和贏來的媒體），將這個品牌訊息發射出去，最大化釋放行銷勢能，引爆媒體整合傳播。

　　在商業高速發展的時代，品牌商也在不斷舉辦活動，透過活動來開啟消費者的購買指令，例如某某品牌的週年慶等等。

　　在整合行銷實際操作上，我們應該以客戶為中心，從訊息、媒體、行動三方面整合，產生「一加一加一大於三」的整合力量。

　　整合行銷是部戲，這部戲一定要以產品為主角，所有環

節都是為它服務的，沒有產品，其他都不復存在，主角的標準是什麼呢，那就是要戲份多，盡可能越多越好。

所有，整合行銷傳播不能太酷炫、不能搶了產品的戲份，我們要將產品最大化融入到創意中，給消費者立即參加活動、馬上購買商品的理由，我們的這個理由必須能刺激消費者的本能反射，立刻有反應。還要搞清楚，我們做行銷是為了銷售產品，不是僅僅為了娛樂大眾，為做行銷而行銷。

2. 「五步」建構整合行銷傳播藍圖

行銷傳播的行動本質在於「鼓動嘗試」，透過參與、體驗、互動，使他們不知不覺地「嘗試」選擇你的品牌。整合行銷傳播要做的就是最大化鼓動消費者嘗試。

以行銷目標導向出發，我們要計算一下這次傳播行動的花費與預期目標，是以大型的活動行銷開始，還是傳統廣告宣傳，還是用新媒體，還是利用多媒體組合，即使我們的計畫是將很多種媒體進行整合行銷傳播，也要考慮到購買刺激的策略組合先後順序和排兵布陣的組合打法。

除了考慮訊息整合（內容）、媒介整合、活動整合，我們還需要思考怎麼樣才能讓購買理由、指令傳達給消費者，思考行動計畫如何開展。那麼我們的這場行銷傳播戰役怎麼打呢？

我推薦你從以下「五步」建構整合行銷傳播藍圖：

第一步、從企業目標及顧客價值層面定義面臨的問題或者機會。

整合行銷傳播就是為達到一個商業傳播目標而策劃的一連串、協調的傳播活動，通常有時間或地區的限制。我們的目標是試著做一個行銷的傳播策略，不要企圖改變產品本身，也不要把焦點放在與傳播無關的資源上，我們所提出方案要符合環境現狀，要嫁接品牌原力，能解決實際問題。

第二步、尋找到消費者最關心的機會點

為目標對象創造一個旅程，一個三百六十度視角的顧客體驗，包含銷售決策過程的品牌接觸點。顧客旅程是為了了解消費者做什麼，什麼影響了他們，以及我們怎麼能把他們吸引到我們的體驗中，以便發掘消費者的動機原力。

第三步、了解並創造對顧客有意義的關聯及管道布局

潛在顧客永遠在尋找有助於做購買決定的內容，例如社交媒體活動、與專家互動、線上諮商、會員機制等等。所以，關聯計畫應該囊括策略的所有元素：技術、內容、活動、媒體策略、數據策略及其他。透過最適合的媒介，提供創造最適當的內容體驗，包括廣告、影片、優化搜尋體驗、線上活動、實體活動、遊戲、機制、會員經營、特賣會、郵件、導購工具等等，才有機會成功贏得消費者的注意力，為

行銷的下一個階段提供更好的基礎。

第四步、明確定義行銷傳播的內容與創意挑戰

在行銷漏斗的不同階段（可分為意識、考慮、嘗試、滿意、分享五個階段），品牌廠商為促進該階段消費者能夠順利向下一階段轉化，必須基於消費者洞察，從消費者購物旅程建立連結，嫁接文化原力，能激發一連串的傳播活動或創意產出（例如推出品牌主張，消費者互動參與），讓不同傳播活動產生協調作用的核心想法，嫁接誘因原力，以滿足消費者的內心需求。

第五步、對應目標，要做好各類傳播的效果評估

整合行銷傳播是否成功，從執行指標和效果指標來評估：該做的事情做了沒有，行動效果是否達成？執行後的顧客新體驗是否達到預期？

在媒體碎片化時代，我們應該將單個分散的最小單位元素，將廣告、貨架（店面）、活動、包裝、促銷、宣傳手冊、網站推廣等組成整合行銷組合拳，為最大化的行銷刺激記憶。只有對這些要素進行系統化管理，才能構成絕對戰鬥力。

我認為，每個產業都有不同的行銷傳播方法。你只有整合才能有系統力，才能將行銷傳播的原力發大到極限。

第五章　藉由調查找對原力，用系統思維管理品牌行銷

> 「知彼知己者，百戰不殆；不知彼而知己，一勝一負；不知彼不知己，每戰必殆。」
>
> —— 孫子兵法

這段話告訴我們，作戰之前要做好調查，做到知己知彼。偵察是行軍打仗的重要部分，所謂知彼知己者，才能百戰不殆。同樣在品牌行銷策劃中，市場調查相當於作戰的偵察，是策劃不可分割的一部分。市場調查的專業深度決定策劃方案的思維高度，無論你是策劃高手，還是策劃新兵，都必須走進消費者的生活片段，「從群眾中來，到群眾中去」，踏踏實實地做好市場調查！緊密地圍繞著消費者來經營我們的品牌，他們的需求、動機、態度、文化背景等是我們進行行銷策劃的重要參考。

想找對原力就從市場調查開始

1. 市場調查是策劃的一部分

　　通常，當客戶找我們做策劃，會說市場調查你們隨便找數據弄弄就行了，我們要的是廣告語，要的是策劃方案。當然實際上，這些客戶也不願意為市場調查專案而買單，他們總有一種自信的心態 —— 他們自認為懂市場調查。也有的客戶直接說，我們之前做了很多功課了，現在就差廣告語了，只要那一句話想出來就好了……

　　其實，很多客戶以及很多行銷策劃者忽視了市場調查的重要性，他們沒有樹立「市場調查是策劃的一部分」的觀念。真正的策劃是從市場調查開始的，所謂，市場調查「差之毫釐」，策略「失之千里」。

　　許多行銷方面的市場調查 —— 比如每日計畫、市場研究、行銷策略以及所有這些計畫的具體要素，的確是有必要的。

　　如果把品牌行銷策劃看作是一次戰役，那麼市場調查就是偵察兵，在出招之前，先要摸清市場情況，洞察消費者的

心理動機、真正需求，觀察產業競爭情況，從空間上理清楚作戰地形，準備在哪些城市開展戰役，時間上要看好，什麼時候是旺季，什麼時候有節假日以及大型的活動，做到知己知彼，這些都需要投入市場調查，做足功課。

市場調查還有一個好處是，調查你所不知道的，檢驗你所知道的訊息是否與市場的訊息一致。

為什麼韓信作戰能百戰百勝，就是在作戰之前摸清地形、掌握了敵情，正如孫子曰：「夫未戰而廟算勝者，得算多；未戰而廟算不勝者，得算少也。」多算勝，少算不勝就是立足在市場調查基礎之上。

例如，你想要做好電競耳機的品牌行銷策劃，要輸出品牌定位、廣告口號、廣告符號等創意內容。那麼你就要透過市場調查，了解電競耳機產業情況、消費更新趨勢、耳機的市場行銷痛點與困難點以及電競企業的自身情況等等。你要在市場調查基礎上，獲得啟發，找到策略參考與創意指導。

不了解情況的人可能會驚訝，在一個行銷策劃中，哪怕一個廣告中居然包含如此多的工作，有時甚至是好幾個星期的工作，行銷策劃看起來是那麼簡單，而且為了吸引簡單的消費者，它也必須簡潔明瞭。但是在行銷策劃的背後，很可能是大量的數據、大量的訊息和好幾個月的調查研究。

這就是為什麼在行銷策劃界，很多客戶做策劃方案要找

做過該產業、有經驗的策劃公司來做策劃的原因。因為做過
該產業的策劃師懂的較多，在同樣的時間裡，對專案理解更
透澈，進而有更充裕的時間對其進行策劃。

世界上沒有絕對客觀的市場調查，所有市場調查都依賴
於人的主觀。當然，作為策劃師你不能因為有產業經驗就可
以跳過市場調查的環節，你對產業的了解只是一方面，還有
對消費者的洞察。

不謀全域性者，不足以謀一域。市場調查作為策劃的一
部分，對策劃全域性有舉足輕重的作用，市場調查的專業
深度決定策劃方案的高度，所以，策劃高手都是市場調查
高手。

什麼是高手，高手就是具有全盤思維，雖然有豐富實戰
經驗可是仍然堅信好的策劃方案是從消費者中來，從市場調
查中來。試想，如果你是一名策劃者，卻不知道如何獲取市
場行銷訊息，以及對這些訊息進行分析、研究，可以想像你
很難做出好的、適合市場競爭環境的策劃方案。

也許你翻了很多書，很多數據，卻仍然找不到幾個有用
的訊息，但是有時候一條訊息就可以成為開啟成功之門的鑰
匙。當然對於很多設計類策劃人，他們無需努力地尋找這些
訊息，對他們而言，關在辦公室裡就算沒有別的數據，也可
以閉門造車做出創意。在業界，沒有市場調查基礎、天馬行

空的創意方案，沒有實際價值。

市場調查是行銷人、廣告人的一種基本修養。市場調查能夠挖掘市場數據，並幫助創意人了解電視廣告、網路廣告、廣播廣告或印刷廣告是否能進行有效溝通，那麼它對於任何嚴謹的職業行銷人、廣告人而言都是一種基本資源。同時，市場調查是把雙面刃，如果運用不當，它將給你錯誤的引導，或者限制你的創作靈感。

策劃與創意人員要深入探究參與程度、動機以及行銷說服力。我認為，真正的策劃高手，不僅懂得正確獲得訊息，還深諳市場調查之道，即便在最早有大的策略方向，也要虛懷若谷，謹慎而踏實地進行市場調查，從市場調查中獲得策略靈感、創作智慧。

2. 市場調查的關鍵是找到真正問題

很多人認為市場調查是「大膽假設，小心求證」，是為了確定假設是否可行而去找理論依據，這是我所不贊同的。因為，你在調查前，如果就對解決問題的結果假設了答案，那麼至少會違背以下幾點市場調查原則：

首先你違背了市場調查的第一個要點，市場調查的目的是為了發現問題，即透過抽絲剝繭找到問題本質。你只是求證，那麼你掩蓋了發現問題，發現真正問題。

　　其次，你給出的解決問題的結果，是源於你根據你的經驗、自信對問題的判斷，給問題定性，而做的假設，並非是從真正的問題而提出的解決問題方法。

　　再者，如果你的目的是為了求證你的結論是否合適，你會為了你的假設結論是正確的，而會在市場調查中下意識地使其市場調查結果偏向你的假設結論，以此證明你的結論是正確的。

　　因此，市場調查不能成為依據，更不能成為你「大膽假設」的結論依據。否則市場調查就失去了意義。

　　市場調查的目的就是什麼？是找到問題的本質，搞清楚品牌行銷到底遇到了什麼瓶頸。

　　做好市場調查要從問問題開始，找到問題的本質是解決品牌行銷問題的第一步，也是極為關鍵的一步，而要找到問題的本質，你就要從市場調查中發現問題。會問問題是做好市場調查的基本功，市場調查高手、策略高手都是從問問題開始的。你問什麼樣的問題，就意味著你要從問題裡面得到你要的答案。

　　要問好問題，可不是那麼簡單，你得從以下幾個方面著手：

　　第一，你要問對問題，從問題中找到你所想要，何謂問對問題，就是說你的問題本身應該沒有問題，是為了得到

答案，或者得到下一個問題。什麼是市場調查高手，就是會問對問題。關於提問決定你是否是高手，不妨看看伏爾泰（Voltaire）曾經說過的一句話：「判斷一個人的能力，不是看他如何回答，而是看他如何發問。」

問對問題你就要成為專家、並且對該品牌的消費者有基本的了解，例如，如果你是一個男性正在做一個女性化妝品的市場調查，之前你沒有這方面的經驗，因為你對這個產業不是很懂，也不是使用者，那麼對你而言要做好市場調查，就比女性做市場調查的難度要大。因為，對你而言，如果直接去問消費者問題，你會不知所措，一臉茫然。

別著急，在諮商公司、廣告公司和策劃公司，很多產業都是從未涉入的，只要掌握問問題的方法，一切問題可以迎刃而解。你可以先從該企業的高階主管、採取開放性問題開始發問，從問題中找到你所想要的答案，進而你就開始對消費者進行市場調查。當然前提是你要深諳品牌行銷策略的相關知識，至少是個市場老兵。當然，即便你是鏖戰多年的市場老兵，也需要掌握豐富的經驗和技巧。

首先，你要懂得你想要什麼訊息，例如你要了解電競耳機產業，你就要收集電競耳機產業情況、企業自身情況、電競耳機市場行銷情況、目前消費者情況等訊息。

其次，你還要將你所要的訊息轉化為問題，你可以從產

業情況、競爭情況、產品結構、價格體系、通路、推廣情況
以及消費者狀況等方面進行了解，

1. 您能否簡要介紹一下某某電競耳機的產業發展情況及關鍵時刻？
2. 從產業發展、消費者、競爭對手來看，您認為未來三年耳機的市場趨勢如何？追問：某某耳機處於產業的什麼位置？
3. 從行銷 4P（產品、價格、通路和推廣）來看，某某電競耳機是如何進行市場布局的？
4. 目前電競耳機的品牌行銷的困難點與痛點有哪些？
5. 面對消費者更新，消費者有什麼樣的態度？追問：你認為消費者會怎麼樣看到貴司的品牌

透過這一輪，你可以從回答中對產業情況及消費者有大概的了解，同時可以整理出一些問題。

最後，你可以將以上的問題答案，經過整理、設計成消費者問卷。當然，關於問卷設計下文有詳細講解，此處不贅述。

你是市場新兵，該如何提高發問的水準呢，其實，有一個容易學成的招，那就是你要多關注日常生活，如果你最近在做一個洗髮精的案子，你就要到商場賣洗髮精的貨架那裡，多跟理貨員、售貨員、以及消費者溝通、交流。平時你

也可以針對感興趣的商品包裝、購買行為向消費者發問，為什麼買這個，不買哪個。不斷地日積月累，你就會發現你的發問水準逐漸提高。所謂優秀的行銷人，就要能走上街，具有與各種老百姓打交道的能力。

第二，你要問對人，從目標消費者口中得到問題的答案。

問對人的第一個重要的就是，你在選擇受測對象時，要是你產品的購買者或使用者，根據你的行銷策略而設定。比如，雞精這個產品的購買者是年輕人，使用者（吃產品的人）是老年人，那麼你行銷宣傳的市場調查對象應該是購買者，即年輕人。而你的產品開發的市場調查對象則是老年人（使用者）。

你要問對人，就要老老實實地找到產品的目標客群，不可越俎代庖。

隨著網路的發展，這幾年線上市場調查興起，作為更為便捷的市場調查方式，網路市場調查卻在「問對人」的問題上帶來了很多麻煩。例如，因為你不知道網路的背後是誰？本來是針對孕婦的市場調查問卷，被男性消費者填了；本來是市場調查中年男性的問卷，被女大學生填了；本來是針對有車一族的問卷，被無車的填了。市場調查回答的人不對，就是沒有問對人，這個市場調查就是失效的、失敗的、沒有價值的。

値得注意的是，無論何時何地市場調查都不能走捷徑，更不能問錯了人。實戰中，你要是在商場做市場調查，通常很多人，尤其是大媽大姐為了得到小禮品會蜂擁而上，你要確保，你不會為了快速採集問卷量而放寬對目標客群的篩選，你的市場調查要問對人。

要取得市場調查的成功不能靠偶然的行動，不能把顧客看做是沒有任何差異的一群人，不能在消費者的偏好問題上沒有市場調查策略，對於那些正在使用競爭品牌的顧客，我們必須考慮他們的個性與典型特徵。這也是問對人的很重要一點。

市場調查的關鍵是找到真正的問題，發現實質問題，而不是陷於提前假設、以求證為目的的圈套。所以，我建議你，要以事實為基礎，問對問題、問對人，甚至追根究柢。對於做好市場調查，「問對問題」是技巧，更是智慧；「問對人」需要踏實的精神，更需要找準人的方法。只有確保這兩點是對的，你才能有找到真正問題的可能。

3. 市場調查就要走進消費者的生活片段

市場調查的關鍵就是你要走進消費者的購物環境，要了解消費者的生活片段，這個片段裡面有時間、地點、人物、購物過程和情緒等等，所有的這些都歷歷在目。

　　作為行銷創意人員，你想要贏得成功的機會，就必須全面了解自己的創意對象，你的資料室裡應該有每種值得研究的產品數據。通常，你要為解決一個問題而花費幾個星期的時間查閱資料，做相關的工作。

　　更為重要的是，市場調查要自己親自體驗，涉及到終端購買或體驗環節，要到店裡去和店員談話。為了方便記錄，你可以在訪談過程中，將雙方的對話錄製下來，以便之後覆核。

　　在一個數位 3C 店裡，如果你要做耳機的市場調查，你要以一個消費者帶著問題跟店員交談。例如你可以從店員推薦、消費者如何選購電競耳機產品、當前品牌的傳播內容、品牌知名度與品牌銷售展示等方面來問。

　　透過這個交談，可以了解到 3C 店裡的銷售員是如何推薦耳機品牌的，也可以觀察到你的目標耳機品牌的店面形象展示、產品展示、POP 展示以及體驗試聽是怎麼樣的，另外還可以考察到銷售員是否能介紹清楚你的耳機品牌，是否積極推薦你的品牌等等，這些問題讓你對品牌的了解非常有幫助。

　　當然，為了市場調查更為真實，你要到好幾家不同的店去與銷售員攀談，觀察店面的陳列。對於一個實體店面，店內的陳列至關重要，從店裡你要觀察到你的品牌是否具有貨

架優勢，讓消費者在店裡多遠的位置就能一眼注意到。

此外，你還要觀察購物者的行為。因為，我們所做的品牌行銷策劃都是為了讓消費者的態度與行動改變。

比如，你在店裡觀察耳機的購買者，通常你會發現這樣一個環節很重要，就是試聽。一個顧客不管有沒有店員推薦，先是將耳機戴在耳朵上試聽，聽聽這個，試試那個。試聽完成之後，還是不確定，一邊走一邊瀏覽貨架上的耳機，停下來，注目這個品牌的耳機片刻，看看包裝，再到另外一邊看看，拿起這盒看看，問問價格，再掉頭回到最開始注視的那個耳機品牌，到裡面去選擇，仔細看看幾個款式的包裝背後的文字，最後問問銷售員有沒有折扣優惠，此時只要銷售員適當給一個優惠價格或者贈送一個小禮品，顧客就會買下這款耳機，放進購物車，選擇結束。

這個時候你要抓住機會先送上小禮品：「我是調查員，現在給一個耳機品牌做市場調查，需要耽擱你幾分鐘，給你做個訪談，這個訪談不複雜，你只要把你剛才選購耳機的心理過程告訴我就可以，好嗎？」然後你就可以與他回憶剛才的選擇動作的過程，問他當時是怎麼想的。這樣在你所要做行銷傳播的目標城市，每個城市選擇幾個店面，訪談十來個人，得到的市場調查知識才對你的策略有所幫助，才真正的找到問題，洞察到消費者心理狀態。

透過這個具體的購物過程，基本上你對產品開發、包裝設計、平面創意、廣告宣傳或者活動策略有個八九不離十了。

除了走進消費者的購物環境，還可以透過焦點小組訪談來研究消費者的行為與態度。例如六至八位消費者一組，由培訓過的主持人，用通話的方法，探尋消費者的觀點與行為。

例如，你可以從這些方面來提問：消費者知識和觀念，他們如何使用電競耳機產品、他們對電競耳機傳播內容的認知以及接觸的訊息管道、他們之間的推薦與傳播行為等等。注意在這個環境，你要以開放性問題為主，消費者也具有惰性，你不能引導他們往哪個方向回答，也不要舉例，你一舉例，他們就會馬上回答就是那樣的，更不能代替他們回答。

你要做的是營造好的交流氛圍，讓他們放鬆、再放鬆，達到半催眠的狀態。有時候，你需要一些道具，比如準備些產品、糕點之類的，讓他們對產品盲測（就是去掉產品包裝和商標，不能分辨是哪個牌子的品牌），有時候需要準備一些紙筆，讓他們畫簡筆畫、寫下自己回答的關鍵詞。同時在設計問題上，要多設計幾個追問的環節，針對個別問題，為了抽絲剝繭，你有時候具有「打破砂鍋問到底」的追問精神。總之，要想把焦點小組訪談做好，你就要讓消費者自發

地回答，暢所欲言地互動。

當然同時要注意的是，小組訪談不易時間過長，以四十五分鐘為宜，超過一個小時之後，參與者就會疲勞，對你的問題產生厭煩。這個時候的消費者回答的結果是不太契合內心的。

4. 市場調查要如何做才更精準？

此前，品牌商們常常忽視市場調查的重要性，憑一己之見做決策，少數人能成功，但大多數都以失敗而告終。在行動網路時代，就連那些成功人士也都快江郎才盡了。

經常有客戶和行銷從業者問我，怎麼樣做市場調查才有效，是用定性市場調查還是定量市場調查？我的回答是無論是定性市場調查，還是定量市場調查，都有效，是看你怎麼做。例如前面在耳機店的觀察市場調查方法，就是定性市場調查方法，能夠找到消費者的選購動機與選擇心理，就有效。

當然，如果你想對市場調查更準些，那麼，有沒有更精準的方法呢？

我用經驗告訴你，有！你可以透過定量市場調查，透過量化的方法來讓你前面的問題梳理更準確。當然定量市場調查很重要的一點就是，你要對問題界定及問題的數量範圍要

有個明確的設定，通常，定性市場調查就是為了解決「明確的設定」的問題。

那麼，我們要如何理解定性市場調查與定量市場調查呢？

你可以這樣說：「定性市場調查是為一個問題是如何定性的，好，還是不好，還是介於好與不好之間，同時要搞清楚有哪些因素影響到這個問題定性結果。定量市場調查呢，光憑好與不好，不足以界定一個問題怎麼樣，你必須要有個量化，到底好的程度是多少，要知道有多少人說好才行，同時，那些影響問題的因素（或者說因子）到底哪個是最主要的，是 A 因子還是 B 因子，你都要量化出來。為了挖掘定量市場調查的數據價值，你還可以做很多數據分析，相關分析、交叉與迴歸分析，這些都是為了更精準地觀察到影響因素的變數。」

市場調查樣本數的選擇就像在你面前有一小碗湯，你想知道這個湯鹹不鹹，只需要用一個湯匙舀一口嘗嘗就可以了。相對來說，定量市場調查的樣本數採集比定性市場調查更大，定性市場調查一般只需要做幾場，或者十幾場深度訪談、小組訪談即可。如果你的產品是非常高階、或者很私密的產品，只針對少部分團體，那你只需要做少量的訪談就可以找到問題，為策略方案提供解決參考。

　　與定性市場調查不同的是，定量市場調查的樣本數需要達到一定的數量才可信，很多客戶與從業者問我，做一次定量市場調查到底需要多少樣本數合適，或者說怎麼確定樣本數量呢？

　　通常而言，要確定定量市場調查的樣本數，你需要從信心水準與最大容許誤差兩個指標考慮。一般市場調查專案選擇 95% 信心水準、顯著水準 3% 至 5% 要求即可，根據統計學的演算法，簡單隨機抽樣樣本數滿足四百至六百即可。當然如果條件允許，在確定樣本數採集準確的情況下，你可以多採集一些，當然也沒有必要採集過多，像有的公司聲稱一萬、二萬多個樣本數其實沒有必要，相反，如果樣本數過大，你的目標客群與收集方式不恰當，反而還影響了準確度。

　　所有，市場調查的精準度是一個相對概念，定性市場調查、定量市場調查都是好方法。

　　只要有可能，你就要多開展以溝通為目標的調查研究。它可以告訴你消費者是否明白了你的廣告主題並且記住了它；產品的品牌名是否用一種便於記憶的積極方式加以傳播；消費者是否對廣告中的訊息感興趣而和廣告之間產生連繫。

　　透過溝通，你可以獲得一些支撐購買理由的需求點，甚至挖掘消費者需求，重新梳理購買理由，你也可以得到購買

指令（如廣告口號的核心詞彙、超級符號等等）、購買刺激的初步靈感。

以溝通為目標的調查研究能夠幫助匯出答案，但是廣告是否是「好的」、是否具有神奇的力量可以深深打動消費者，你卻無法測試。你可以透過評估你的廣告知名度來獲得關於廣告效果的某些暗示。如果更多的人對你的廣告比對該類產品其他品牌的廣告知道的更多，那麼這至少在某種程度上說明你的廣告更加具有競爭力。

廣告的勸服力是傳統行銷調查的另一個關鍵指標。對於行銷人、廣告人來說那個熟悉的短語「兩個最重要的盒子」是指有兩種訊息是必須進行統計的。其一是那些表示肯定會購買你廣告中的產品的消費者比例；其二是可能購買你產品的消費者比例。如果這些分值很高，並且伴之以對廣告的高知名度，那麼說明你的廣告可能表現不錯。然而，大多數廣告在知名度方面的得分很低，這就意味著在你能夠打動消費者之前，你必須讓你的廣告被他們看到。但消費者對大多數廣告是視而不見的。

由於定性市場市場調查是由主持人、消費者與訪員共同完成，品質控制非常重要。你務必切記，相對數量而言，品質更為重要，一旦哪個環節出了問題都會影響總樣本數的準確性。這個時候，你要聘請經驗豐富的主持人，並對訪員進

行培訓，在市場調查期間，還要督導透過現場稽核、問卷回訪等多種方式確保資訊完整。

對於定量市場調查而言，數據整理與挖掘是關鍵環節，市場數據包括競爭品牌市場銷售額、長期或短期趨勢、消費者態度、價格因素、商業界傳言、競爭性廣告等等，如果我們能夠聰明地獲得並加以整理，就能提供關於市場的一份有價值的概況。所有這些都是行銷創意之前要做的準備工作。在做必要的準備工作時，我們對於行銷策劃工作的熱情促使我們為尋找一個創造性策略而奮鬥。這種創造性的策略能夠用一種令人難忘的方式傳達一個主題或者訊息，並且能促使消費者採取行動。

行銷傳播裡有很多讓人驚奇的事情，我也發現，一個讓你嘲諷的廣告或者創意設計也許會取得巨大的成功，而一個你之前看好的廣告創意也許會一敗塗地。所有這些都是因為喜好不同。我們誰也不能完全了解不同消費者的欲望，因而也就難以對其形成一個完整統一的印象。當然，你也不能因為這些奇怪的事而不做市場調查、或不認真地做市場調查。

5. 市場調查中最富有挑戰的是問卷設計

談到市場調查是否更接近精準、有效，經常聽到行銷策劃者說：「我們的市場調查經過了多長時間，收集了一萬或

者更多的問卷，因此我們的市場調查非常精準。」可是，他們的市場調查問卷，卻設計的很糟糕，根本不便於消費者參與市場調查，市場調查者也很難從問答中獲得有效的訊息。這種市場調查其實不能指導策略參考、啟發思考，沒有多大意義。

現在我們來說說，市場調查中最難的是什麼？如果你是策劃新手或者市場調查新手，對你而言最有挑戰是問卷設計。因為問卷設計作為測量與獲取訊息的工具，每個問題設計應該是你想要從裡面獲得什麼訊息，這些訊息將成為你策劃的參考知識，最後成為策略的智慧。

因此，問卷設計需要主策劃師主導，市場調查主管來監製。比如，做消費者市場調查，你想獲得什麼訊息，要靠你的問題，讓消費者回答出來。如果是定性市場調查，你可以用開放性問題，讓消費者說出來；如果是定量市場調查，你就要設定問題的答案數量，不能有太多的開放性問題，否則不便於問卷的有效採集。

如果你是策劃新手，或者是策劃老手涉入一個新產業、新品類，不建議直接做定量市場調查，你應該先從定性市場調查開始，透過幾次定性市場調查不僅可以尋找到定量市場調查問題的主要因子，還可以對消費者知識、態度等方面有一個大致的了解。

　　例如，如果你剛接到一個電競耳機的消費者市場調查任務，那麼你可以先從消費者焦點小組座談會開始，你的《電競耳機消費者座談市場調查問卷》可以這樣來設計內容：

第一部分、市場調查消費者知識和消費觀念

1. 您玩電競屬於什麼樣等級？（潛臺詞：新手，資深玩家？）

2. 您對電競耳機了解多少？有哪些國外品牌、哪些國內品牌？

3. 什麼情況您會戴電競耳機？（除了電競時候，平時戴不戴還有…）

4. 您第一次購買電競耳機是什麼時候？當時是什麼情況？在哪裡買的？買的時候有考慮過其他的耳機品牌嗎？銷售員（服務員）跟你說了什麼？

5. 至今您總共買了多少個電競耳機？為什麼？

第二部分、市場調查消費者如何使用電競耳機產品

1. 您選擇電競耳機最看中哪些方面？（每人說三個）

2. 談談你在購買電競耳機過程中的感受或深刻的印象？（實體店、或網路上？）

3. 使用電競耳機後感覺怎麼樣？哪些是您喜歡的？哪些有改進的空間？

第三部分、市場調查消費者傳播內容與溝通管道

1. 用三個詞彙，表達電競，您認為是什麼樣的「詞彙」？
（每人說三個）

2. 用一個非常簡單的圖形，代表電競，您認為是什麼樣的
「圖形」？（每人畫一個）

3. 您玩電競的口頭禪是什麼？

4. 您使用最多的電競網站、論壇、社群、電競雜誌、電競
大咖等有哪些？

第四部分、市場調查消費者之間現有的傳播行為

1. 請問您是從哪裡知道電競品牌的呢？（朋友介紹、網路
評論、自媒體、平面廣告、專賣店、網路）追問：他怎
麼跟您說的呢？（這個是問題的關鍵）

2. 請問您在以下管道（例如：日常溝通、網路、社群軟體
等）分享過耳機品牌嗎？若有，您是怎麼分享的呢？
（若沒有推薦過，勿問）

3. 請問您向你朋友推薦過電競耳機品牌嗎？若有，您怎麼
跟他說的呢？（若沒有推薦過，勿問）

透過幾次與消費者訪談，你便可以找到你想知道的東
西，很多回答他們會帶給你驚喜，當你遇到每個活生生的消
費者時，你會發現遠遠比你坐在辦公室面對電腦空想強萬

倍。你與他們面對面的回答交談，讓你更能理解他們的真實
想法，感知到他們對某些問題的看法。當然訪談過程，你要
有專門的人做記錄，同時安排發言積極的消費者，帶動現場
氛圍，每個問題盡可能讓每個人都談談他們的看法，不能
抓住幾個熱情的消費者一直談，也不能冷落不愛搶答的消
費者。

不僅是消費者市場調查要設計問卷，你要去有電競耳機
銷售的門市也要設計問卷，針對店員或者銷售員你可以這
樣問：

1. 你要買電競耳機，問店員有什麼牌子推薦？
2. 如何選購電競耳機？
3. 國外品牌與國內品牌的哪些牌子好？為什麼
4. 某某電競耳機品牌怎麼樣？（看店員如何介紹）並問有
   哪幾種產品？能否體驗？
5. 將某某品牌與其他競品耳機的銷售展示如何？（有沒有
   貨架陳列優勢）

等等

透過與不同店員的交談，你就會對消費者在店裡的選購
電競耳機情況有個大概的了解，對於依賴推薦與試聽體驗的
產品，這個工作很重要，讓你摸清楚你的品牌在實體店的銷
售情況。

有了前面的定性市場調查——訪談做基礎，你就可以為定量問卷的問題進行設計了，例如，對於電競玩家的使用時間頻率，就可以這樣設計：

您玩電競的頻率有多高？（單選）

A、每月偶爾玩 B、每週有空就玩 C、每週都會玩 D、每天都會玩 E、其他

例如，對於電競耳機的產品特點看重度方面，你可以這樣設計：

您若購買電競耳機，最看重電競耳機哪一方面的產品特點？（單選）

A、輕便舒適 B、功能很多 C、外觀時尚 D、功能單純 E、攜帶方便 F、其他

注意，以上這些答案有的是常識，有的是有針對性的知識，這些都是透過消費者親口說出來的，而不是你自己設想的。作為市場調查者，你不會主觀自行決定消費者沒有說的問題。即使你是有經驗的市場調查者，也不能代替消費者思考。

除了這些問答題目之外，客群極度細分的競爭時代，你還要加上，消費者的性別、年齡、職業、地區作為消費者分類。有了這些，你可以在數據分析中，挖掘更多的有價值的知識，例如，你可以透過交叉分析，可以知道購買你的產品

到底是男性是女性購買多；你可以透過相關分析，可以知道哪個職業的客群是重度消費者；你也可以透過迴歸分析，可以知道你的產品銷量與消費者年齡成正相關，消費者年齡越大購買的越多。

總之，無論後面的分析如何遵循邏輯，如何深挖淺出，其影響結果的，還是你的問卷設計，你問什麼問題，就得到什麼答案。

行銷策略就是針對消費者心智發動的行銷戰役攻略，市場調查就是要洞察到消費者需求，就是要運用消費者的原力，透過原力，撬開行銷策劃思路以及創意概念的輸出。例如，透過市場調查，你可以找到啟發購買理由定位的觸發點，可以找到品牌核心創意概念，媒介接觸習慣，描述大概的消費者畫像等等，如果能找到這些，為策略提供指引和啟示，那麼你這個市場調查也就是成功的。

TIPS：

1. 市場調查是策劃的一部分，策劃高手都是調查高手
2. 市場調查的關鍵是找到真正的問題
3. 市場調查就要走進消費者的生活片段，從群眾中來，到群眾中去
4. 市場調查的精準度是一個相對概念，定性市場調查、定量市場調查都是好方法

5. 市場調查中最富有挑戰的是問卷設計，問題不在多，要切中要害。

「故善用兵者，屈人之兵而非戰也；拔人之城而非攻也；毀人之國而非久也。必以全爭於天下，故兵不頓而利可全，此謀攻之法也。」

——《孫子兵法》

這段告訴我們：贏得戰爭的最高境界「必以全爭天下」力求取得完全的勝利，是「兵不頓而利可全」。何為完全的勝利呢？因為「破勝」指的是經過血戰打敗敵人而得到其人員、裝備和土地，也就是說「殺敵一千自損八百」；而「全勝」則指的是以謀制敵，不戰而使敵全部向我投降。品牌行銷與戰爭具有同理性，其「全勝」就是用系統思維來管理品牌，搶到品牌制高點，以「不戰而屈人之兵」贏得顧客，讓對手無法競爭。

系統思維在品牌行銷管理上的運用

1. 策略品牌行銷管理

戰爭與品牌行銷

《孫子兵法》是一本談「贏的藝術」的書，在戰場上要贏，就得戰勝對手，打敗敵人，奪城滅國。勝與敗是絕對的，中間基本沒有灰色地帶。為了讓「贏」付出最少的代價，得到最大的成果，《孫子兵法》提出「必以全爭天下，故兵不頓而利可全」，作為贏的最大成果。

品牌行銷是贏得更多的消費者，品牌行銷沒有絕對的勝和敗，也沒有絕對的敵人，最多有一些預設的競爭者。預設的競爭者基本上可以分為兩類：

1. 做領先品牌，並依此設定遠大目標，建立競爭壁壘，讓競爭者無法競爭。

2. 做跟隨品牌，並依此擬訂策略，緊跟領導品牌，伺機創造機會超越競爭品牌。

作為管理者，品牌行銷與戰爭有一定的區別，行銷應該是贏得更多的「可能」，對你而言最主要的工作，不是戰勝

競爭對手，而是最大限度地擴大消費者想要採取行動、持續去占有消費者心智空間的可能。例如在品牌物理功能的創新研發外，想方設法、持續不斷地滿足消費者感性的欲望，利用不同的手段，例如廣告、公關、活動等等；最大限度地擴大品牌追隨者的滿意度，並不斷呼喚更大的客群加入追隨的行列，並且隨時密切注意競爭者的動態。

同時，行銷是策略布局，你要有策略思維藉著整合體制內外的各種資源與工具，用哲學邏輯的推理，來觀察消費者的各種現象與趨勢，以尋求出品牌購買理由最有利的定位，創意購買指令，然後透過購買刺激整合推廣。

任何事物的發展都有著規律和本質。無論技術如何先進，透過表面看本質，品牌的本質不會變，行銷的本質不會變，都是為了籠絡消費者的心。因此，所有的這些工程，都是為了品牌占據消費者心智空間。

策略與戰術

什麼是策略？根據普魯士軍事理論家克勞塞維茲（Carl von Clausewitz）在《戰爭論》（*On War*）中，是這樣定義的：「策略是為了達到戰爭目的而對戰鬥的運用」。什麼意思呢？就是說你應該將每次戰鬥的運用納入到策略中來，為了達成目標，統一制定作戰計畫。什麼是戰術？戰術是奪得整個戰爭勝利的區域性執行計畫。無論是從時間上、還是空間

上，策略都具有長期性、廣闊性。

對管理者來說，品牌管理工作並不等同於品牌策略。從整個品牌行銷的策略來說，就是企業根據內部及外部的環境，確立品牌在消費者心中的預留位置，為了實現這個目標所施行的各種手段的總體謀劃。

策略是為了大決戰，贏得全域性的勝利。戰術是為了贏取暫時性、區域性的利益。

品牌行銷是一個投資行為，在整個創造品牌價值、炮製品牌更值錢的策略行銷中，需要短期的戰術來完成，但更應著眼於中長期的投資思維。實戰中，我們常常把投機的操作當成了戰術方法，例如為了與競爭對手決戰，而促銷降價，雖然品牌短期的銷售額很好看，可是對品牌的溢價與品牌力塑造的中長期策略來看卻可能是適得其反。

品牌行銷，絕不因一時的銷售額或市場占有率來定輸贏，應該把品牌與消費者之間關係的轉變當作整個行銷戰爭邁向成功的轉捩點。

管理者在操控整個品牌價值提升的運動中既需審時度勢，又需慎謀能斷。要玩轉這個策略與戰術的平衡木，需要管理者權衡何時偏向戰術性的短期利益，何時加重策略性的砝碼，面對市場競爭的不確定性，這著實是一個很大的挑戰。

　　對優秀的管理者而言，輸贏是無法用銷售金額或市場占有率等短期變化來定奪的。因為這些數據很可能只是一時的結果，雖然或可代表著品牌現狀，或可對短期的趨勢有影響，但卻不一定能對品牌的未來下定論。

　　管理者應該先認真思考目前的處境、未來的預期目標、可能影響目標的各種因素與管理者可操控的內部資源，然後再擬訂計畫，推動工作，讓目標一步一步地去實現。簡單講，行銷品牌輸贏的轉捩點應該是在和消費者關係上的轉變。品牌現狀的改變，應該是消費者普遍認知的客觀事實，絕不是管理者的自身意願或企業主憑少數朋友指三道四的主觀現象，尤其是創業公司，很多管理者容易左右舉棋不定。

　　整個品牌的經營管理，是對品牌的塑造及經營的整個過程進行有機的管理，希望能使品牌的營運在整個企業的營運中造成良好的驅動作用，為企業造就超級品牌打下堅實的基礎。因此，管理者不可因一時戰役上的輸贏而忽略了整個策略上的目標。

　　以「一件事」整合思維爭天下

　　很多從業者，經常把品牌、行銷與傳播三者分開，看成三件事情，其實是不恰當的。你做品牌，就要行銷，就要考慮傳播。同樣的，你做行銷，也要考慮你的品牌，考慮傳播，這三個是「你中有我，我中有你」密不可分的關係，應

該以「一件事」來對看。

　　實踐中，經常有客戶說：「我的需求是做品牌設計，認為做品牌設計，你只要把設計表現好，讓我（客戶）看上去很美、看上去喜歡就是好設計。」

　　其實評價品牌設計好不好，除了傳遞品牌的價值理念，你要參考兩個指標，一個是品牌設計要看是否有行銷的差異化功能，是否嫁接了文化原力成為該品牌的購買指令（消費者因你的設計而選擇你）；一個是品牌設計有沒有很強的特徵、辨別性，沒有嫁接原力，消費者看了就不會產生共鳴，形成行動。

　　做行銷策劃也一樣，除了行銷 4P 理論，你也要考慮品牌，分析品牌的購買理由定位是怎麼樣的？品牌的調性如何？品牌資產情況怎樣等等。同時你也要從傳播角度出發，分析如何整合傳播內容、如何將策劃內容用設計的形式來表達？以及如何組合傳播媒體？不結合傳播來思考，你的行銷策劃再好，不能在有限的時間、有限的資源將其很好傳播出去，你的策劃就是紙上談兵，很難取得好的效果。

　　品牌與行銷都具有促進銷售的作用，行銷是有策略地進行銷售布局，達到可持續銷售的目的。品牌是塑造附加價值感知，讓商品賣的更貴、賣的更快、賣的更久。從銷售層面來說，品牌是更高級別的行銷，最高級別的行銷就是讓對手

無法競爭，就是打造超級品牌。而無論品牌與行銷如何高深莫測，都離不開傳播這一關，只有傳播出去才有意義。

從價值角度來看，品牌是價值感知、是價值符號、是價值標誌，是價值精神；而行銷是價值交換、是價值認知、是價值差異化表現；傳播是傳遞價值、認知價值、分享價值。本書所講的購買理由、購買指令、購買刺激就是立足品牌、行銷、傳播三方面來嫁接原力創意的。

做品牌就等於行銷傳播，做行銷就是做品牌定位。在制定策略亮出「我是誰，我為誰而生」的時候，我們就開始了對行銷傳播的整體策劃。因此，我們要把品牌、行銷、傳播這三個事情看著是一件事情，站在企業發展的高度來看，才是策略行銷創意之正道。

2. 品牌行銷管理者要具有系統行銷觀念

品牌行銷管理者就是品牌的總工程師

古人云：「兵不在多，而在精；將不在勇，而在謀」。作為一名從事品牌策略管理工作的品牌行銷管理者（下稱：管理者），你必須有統籌、整合、管理、營運企業內外部所有資源的能力；必須明瞭戰場的形勢，懂得如何進行策略部署；必須擁有統領品牌、行銷、傳播三軍作戰的能力，並協同所有作戰單位，贏取戰爭的勝利。

要做好品牌統籌的工作，你就要了解國家政策，掌握產業趨勢；洞悉整個品類市場潮流的前瞻能力；清楚整個市場上的競爭環境，並有能力分析自有品牌的優劣勢，有能力做品牌發展的長遠規劃、擬訂策略、制定制度，以保證策略部署的有效實施及品牌發展目標的完成。

要做好品牌策劃的工作，你就要深入地了解市場，了解消費者。除了要了解依不同行銷目的而施行的各項調查管理外，為了要能精確掌握數據表象下的真實含義，管理者不應該只待在辦公室看報表、聽報告，必須走入街頭，貼近消費者最真實的生活，了解他們真正的需要和想要，在這個基礎上結合數據、報表、報告傳遞出來的訊息與建議，決定產品的功能與品質，發展並確定出品牌與消費者的溝通策略。

如果你只看別人給你的二手數據，無論是數據還是報告，都會與客觀事實有很大距離，這也就是為什麼很多管理者經常哀聲怨道「市場調查數據是不可靠的」的原因，其實並不是市場調查數據不可靠，是你沒有從另外的角度來用這些數據，其實質是沒有走出去。

要做好品牌經營的工作，你還要懂得如何與企業內部的各個分工合作單位有效地協同作戰：

與生產部門的合作。一方面，品牌購買理由的提煉不能脫離以產品的功能與品質作為參考，只有建立在物理性的基

礎，品牌的購買理由才站得住腳，才能夠取信於消費者，以及從感性的層面刺激消費者的想要及最終購買行為的實施。另一方面，產品的功能與品質必須能夠很好地滿足消費者的需要，當消費者對產品的功能與品質提出意見與建議的時候，或者你了解與洞察發現了新的消費需求的時候，將這些意見反映到產品的研發部門，以便指引生產部門實現產品的功能與品質上的改變。不可否認，很多市場的新產品，就是源於對新消費趨勢的判斷。

與銷售部門的合作。一方面，銷售的作用是「推」，而品牌行銷傳播的作用是「拉」，「推」與「拉」兩者無縫配合，才能促成消費者產生購買行為。如果「推」與「拉」不夠協調，消費者被「拉」到了櫃檯前卻找不到想要買的商品，就會產生抱怨（當然有些品牌喜歡飢餓行銷，會故意造成缺貨的現象）；如果消費者先在櫃檯上發現了商品，而品牌卻沒有準確的傳達溝通訊息給他，或是銷售員推薦了其他品牌，或是其他品牌在現場有促銷……這都將使品牌錯失與消費者產生互動的機會。另一方面，銷售的管理是透過人流對物流與資金流的管理，帶回訊息流，這個訊息流可以成為重要的調查數據，它直接、快速地反映著市場的狀況，反映著競爭對手的作為，這些訊息情報透過市場部門的消化、分析、整理後，最終反映給管理者，並作為品牌行銷策略規劃

的參考和依據。

　　與市場部門的合作。在整個品牌經營的過程中，市場部門從事訊息情報的收集與匯總，並透過對這些訊息情報的分析、研究，為行銷資源的分配提供參考。市場部門透過各種調查，對銷售數據進行匯總分析，對銷售管道訊息流進行研究，將市場分為攻擊區、鞏固區和開發區。你所帶領的部門則以此為依據，進行行銷資源的分配與排程，部署品牌發展的作戰計畫，協調銷售部門「推」與「拉」的動作，將品牌深植入更多消費者的心智。

　　要做好品牌管理工作，你還必須協同各相關外部公司，不斷地檢視消費者對品牌的態度與反應，完成品牌溝通訊息的製作與傳播，製造品牌與消費者之間的關聯與互動。基於此，你要深諳各種調查的方式與手段，懂得如何才能深入了解到消費者的內心世界，至少要知道調查時怎麼回事；你還要通曉廣告、公關、活動、事件行銷、客戶關係管理、售點包裝等各種溝通手段的功能與特性，通曉傳統媒體、新媒體等各種傳播工具的功能與特性，並在此基礎上整合運作所有這些溝通手段與傳播工具，向消費者傳遞統一的訊息。

　　總之，作為管理者，你在整個品牌經營的過程中所扮演的，是個總工程師的角色。你務必具有高瞻遠矚的視野，站在統籌運作的高度，做全域性的掌控，從市場到企業內部各作戰

單位，再到與企業協同作戰的各個外部單位，都應在管理者的協調與部署之下，為完成品牌經營的終極使命，周而復始地不懈努力，堅持不懈地做著看似相同卻不盡相同的工作。

系統行銷要以三個「是否以」為標準

孫子兵法的孫子曰：「夫未戰而廟算勝者，得算多也，未戰而廟算不勝者，得算少也。多算勝，少算不勝，而況於無算乎！」

行銷是為了贏得更多顧客，為了「可能」最大化，孫子認為行銷戰役之前必須「多算」，並且以「五事七計」為衡量的基礎。這個精神與原則也是行銷的不二法門。尤其是在調動整合資源做有效率的推廣前，管理者尤其得鄭重其事，認真領會、體認孫子「多算」的精神。

品牌系統行銷觀念的匯入，我們應以下列三個「是否以」為標準，並藉此不斷調整操控的手法，增強品牌「系統過程」的力度。

- 是否以社會趨勢為導向？
- 是否以消費者利益為依歸？
- 是否以購買行為發生時為開始，而非結束？

作為管理者，前述三個「是否以」也是評斷你工作績效的方法，同時也是個品牌在系統性面對消費者想方設法取得「可能」最大化的標準。唯有不斷堅持這三個「是否以」，品

牌才可在立於不敗的基礎之上，獲得最大化可能的發展空間。

當然，這畢竟是你在將品牌推向市場，面向消費者的「多算」。為了完成這個「多算」的工作，在系統行銷的概念上，要完成品牌系統行銷的工作，就不能忽視企業內部、行銷隊伍及外部合作單位或個人的資源整合與配置了。這方面的「多算」也是至關重要的，稍有不慎就可能導致失敗而終、甚至身敗名裂。

品牌行銷雖然是有原理、有方法、有基本原則的，但是所謂「不以法為守，而以法為用，常能緣法而生法，與夫離法而合法」，你最大的困擾是之前的經驗，在這一次不一定靈驗，尤其在網路時代，很容易讓誤入「一招走天下」的困境。

我建議你在主持一個品牌的行銷工作時，你要有如履薄冰的心態，作為總工程師，你要邊摸索、邊試驗、邊適應，同時還得不停地延續或者調整曾經的行銷工作。因為競爭者不會等你準備好了再動，消費者有可能對你失望，甚至忘了你。

3. 用系統思維管理品牌行銷

系統效率大於區域性效率之和。品牌行銷講究的就是個「系統」二字，為什麼要講系統品牌行銷？企業的系統品牌行銷是有效提高系統各點效率的品質，將品牌行銷系統效率最大化。

　　因此，每一次我們在塑造並強化品牌價值的過程中，必須是完整且系統的，而且必須是深思熟慮、計算清楚的。品牌的購買理由經過創意、製作的包裝，嫁接文化原力形成購買指令，依託著各種行銷手段，包括整合行銷和消費者溝通，並藉著貨架和消費者見面，讓人品頭論足。任何一個環節的閃失、大意，就有可能使某個原來有可能成為品牌的購買者或擁護者的人，掉頭離開，甚至永不回頭。

　　系統思維品牌行銷所講的「系統」包括了三個方面的含義：

　　1、用系統行銷思維贏得更多消費者

　　戰爭是一種「贏」的藝術，行銷則是一種「可能」的工程；戰爭是以對手為目標，行銷是以消費者為目標；戰爭的最高境界是「兵不頓而利可全」，行銷的最高境界則是最大限度地占據消費者的心智空間；戰爭的最終目的是為了打敗敵人，行銷的最終目的則是爭取消費者；戰爭的最高境界是「全勝」，行銷的最高境界是「可能」的最大化。

　　《孫子兵法》有「全勝」的說法 —— 必以全爭天下，故兵不頓而利可全。「必以全爭天下」的意思，就是力求取得完全的勝利。而「全勝」指的是以謀制敵，不戰而使敵全部向我投降，是戰爭的最高境界，是「不戰而屈人之兵」，是「兵不頓而利可全」。

　　與戰爭有所不一樣的是，行銷最高境界的「可能」最大化是把有這種認同與行動的消費者的數量最大化的「可能」。

　　行銷是用戰爭的精神，透過系統管理品牌與消費者的每一個接觸點，系統管理傳遞訊息的製作過程，整合運用各種溝通手段與傳播工具，以每一次戰役為累積，把「可能」最大化的工程。要完成這個「工程」，就必須建立一套行之有效的行銷管理系統 —— 產品管理系統、銷售管理系統、市場管理系統和品牌管理系統。

　　產品管理系統保障了產品在品質和功能層面能更好地滿足消費者在物理需求、功能性的需要；銷售管理系統保障了產品能夠被消費者便利地獲得，提供了一個消費者與品牌之間相互接觸的機會；市場管理系統為品牌能夠接觸、贏取更大量的消費者提供方向，為行銷資源的分配提供參考；而品牌管理系統則是品牌與消費者之間建立強而有力情感連結的關鍵環節，它一方面幫助品牌與消費者建立牢不可破的情感關係，另一方面則是將這種情感關係在目標消費客群中求取最大化的效果。

　　行銷最根本性的任務就是要贏取消費者，要贏取消費者就必須了解他們的需要和想要，爭取在他們的心智空間占不可動搖的位置，並利用各種溝通手段不斷地強化品牌在他們心中的這個位置。

　　變是唯一不變的法則，在新商業時期的今天，因應這些變化的速度成為品牌生存的關鍵，而創新則是發展的利器。管理者必須牢地掌握市場的脈搏，了解消費者的想要，必須密切關注市場變化，並以開拓者的精神不斷地創新，不斷地研究、開發消費者內心真正的欲望，並不斷地滿足這種欲望。根據市場目標，擬訂策略與計畫，並推動策略與計畫執行，這些行銷行動的效果，再根據評估的結果，擬訂下一個目標。這個過程是個性的、長期性的任務，是個循環往復的創新過程，不斷地在產品設計尋求創新，在產品的物理特性上力求創新，更在與消費者溝通互動的內容上尋求創新，才能最大限度地占據消費者的心智空間。

　　2、系統管理品牌與消費者的接觸點，保持品牌一致性

　　如前面所述，行銷是品牌和消費者溝通，並求取認同與共鳴，最終達成顧客購買行為的過程。行銷傳播是運用各種溝通手段、各種傳播工具，向消費者傳遞品牌訊息的過程。

　　為了保障這個過程的效率，並擴大效果，管理者可利用各種調查的手段，以一手資訊、二手資訊，加上平時參與消費者的生活、觀察消費者的點點滴滴，這些辛勤的循環的工作，其唯一的目的就是贏取消費者心智空間最大化的可能。

　　需要注意的是，在整個傳播過程中品牌會與消費者產生各式各樣的接觸，每一種接觸就是一個接觸點。每個接觸點

所傳達的訊息、所能夠帶給消費者的感覺和印象，必須是一致的（在前面的整合行銷傳播章節說過）。如果你的廣告給人的感覺是時尚的，而產品的包裝卻很落伍，那麼消費者在接觸品牌的時候不能做印象上的加分，甚至這種混亂的品牌認知會很容易引起消費者的反感和不信任。

因此，為了確保品牌的一致性，所有的接觸點必須妥善管理。

如果我們的品牌和消費者之間存在一百個接觸點，那麼這些接觸點中的任何一個，對於管理者來講，只是百分之一，而對消費者而言，卻可能是百分之百，因為他可能只有機會接觸到其中的一個，他可能只接觸到了你產品的廣告，或者只見到過你產品的包裝，或是他到了某店看到你的品牌被展示著，或是碰巧參加了你所舉辦的活動，能不能讓消費者產生良好的印象和有力的吸引、激起他們感性的共鳴，以及讓消費者產生對品牌進行進一步了解的欲望。

為了最大限度地保障每個與消費者可能的接觸點能被管理者最好地控管，就應該好好地組合整個接觸點被製作與被傳播的過程，建立一個上游、中游、下游的標準程式，以系統思維來應對隨時可能發生的挑戰。但是，實事求是地說，管理者很難事前就掌握一切，不論運用哪一種先進的手段或調查，訊息都會滯後，其結果都是已經發生過的事情。管理

者唯一可做的就是事前作好預警準備,事後隨時調整並快速反應,呼應消費者的呼聲,面對動態的消費者。

3、系統管理品牌訊息製作與傳播,既保「質」又保「量」

創意和執行是相輔相成不可缺少的。再好的創意如果沒有好的執行力也是白搭,反之再好的執行力如果沒有好的創意所達到的效果也是微乎其微;所以要想有所成就必須要有「一流的創意加一流的執行」。

為確保「一流的執行」,我們把品牌傳播的全部過程分為「垂直的和水平的」兩個方面。垂直的部分是指被傳遞訊息的創意與提煉過程,基本上可以是一個「質」的控管;而水平的部分是指對所有溝通手段與傳播工具的整合應用,基本上可以說是一種「量」的控管。

質的管理包括被傳遞訊息的製造過程,就是品牌跟消費者之間溝通的內容。首先,我們的產品是賣給誰的,要確定對誰說、說什麼,他們才能對我們的品牌產生好感產生購買的欲望與行動。在這個部分,我們要對消費者進行充分的市場調查分析,確定產品的消費客群,確定溝通對象及其特點,洞察消費者心理,嫁接品牌原力,建立購買理由,創意購買指令,或者管理好外部協助的策劃公司、廣告公司,完成質的打造。

　　總之，「質」的過程是希望能夠喚起消費者共鳴的控制和管理過程。

　　量的管理則是希望能夠最大量地接觸到品牌的目標顧客，不論用何種手段或何種媒體形式。我們必須清楚哪一種傳播手段能夠更好地完成目標與任務，是公關、廣告，還是活動？還是整合行銷？在這個部分制定媒介的策略與計畫。另外，我們要懂得如何購買，或者如何找到、如何管理一個能夠幫我們做好購買的媒介購買公司，因為我們的錢總是有限的，需要用更少的錢做更多的事情。

　　「量」的過程是成勢的過程，數量多則方成勢，這個環節，我們要利用各類媒體最大化地形成量的勢能，嫁接誘因原力，創造超級購買刺激。

　　企業的品牌行銷是個複雜、龐大、長期的系統，我們要用系統思維來管理品牌行銷。

　　我來做個總結：要贏取消費者的心永久性勝利，就必須建立一個強而有力的組織，一套切實有效的制度。只有這樣，才能全面地管理品牌與消費者之間每一個接觸點，才能系統管理被傳播訊息的製造過程和所有溝通手段與傳播工具的使用，周而復始地完成這個循環的過程，最終贏取消費者的信賴與忠誠。

TIPS：

1. 品牌行銷的所有工程，都是為了品牌占據在消費者心智空間。

2. 策略是為贏得全域性的勝利。戰術是為了贏取區域性的利益。

3. 整合思維要將品牌、行銷與傳播三件事，看成一件事

4. 品牌行銷管理者要具有系統行銷觀念，用系統思維管理品牌行銷

第六章 打造 B2B 高科技品牌

　　全球化時代，商業經營生態從「產品數量」轉向「品牌品質」，同時，B2B 高科技企業的行銷思維也遭遇到了瓶頸，正如現代行銷學的奠基人之一西奧多·李維特（Theodore Levitt）所認為的行銷短視症那樣：

　　第一、自認為只要生產出最好的產品，不怕顧客不上門；

　　第二、只注重技術的開發，而忽略消費需求的變化；

　　第三、只注重內部經營管理水準，不注重外部市場環境和競爭；

　　……

　　行銷重要的是改變顧客認知，品牌立足顧客心智，從顧客心理情感出發，是建立顧客認知的最為重要的方法，也是企業極為重要的無形資產。經濟全球化，帶來科技的全球化，推動了 B2B 高科技企業的大力發展，品牌作為行銷的制高點，不僅助勢公司產品銷售，也對公司的股票漲幅（事實上所有的上市公司都應該重視品牌宣傳）有積極影響。

　　知名品牌專家大衛·艾克（David Aaker）認為：「品牌是擔保者和驅動者」。在 B2B 高科技企業發展上，企業不僅透過技術創新取得成功，占據企業制高點的品牌經營也至關重要。正如國外的 IBM、奇異、英特爾、微軟、甲骨文等企業，它們成為了享譽全球的 B2B 高科技企業品牌，就是品牌塑造的成功典範。

B2B 高科技品牌的打造

1. 關於品牌傳播定位

　　許多 B2B 高科技企業一直在為品牌而煩惱，由於受控於技術專家，這些公司經常缺乏相應的品牌策略，甚至簡單地認為品牌無非是設計一個 LOGO、做個畫冊、給產品命名而已，這其實是遠遠低估了 B2B 高科技企業品牌塑造的認知。

　　品牌表達了顧客對某種產品及其效能的認知和感受，該產品與服務在顧客心中的意義，代表一種辨別標誌、一種精神象徵、一種價值理念。品牌指向感受，做品牌就是做更高級的行銷。

　　因為 B2B 高科技企業的產品數量龐大（有的企業涵蓋不同類別的多種產品），且伴隨無形服務的特點。從動機原力來說，我們有兩個角度可以為 B2B 高科技企業進行品牌傳播定位（為了區別 B2C 的購買理由定位，考慮到 B2B 企業的採購決策複雜、影響購買因素較多，故此處用品牌傳播定位）：

　　第一個是，運用「數一數二」策略為品牌傳播定位，即

企業在某些方面，如銷售額、產量、技術專利、研發創新、市場覆蓋等方面能夠進入產業的「數一數二」位列，如「某某企業品牌領頭羊」、「某某企業龍頭品牌」，當然，除非你的企業確實具有很明顯、且很強的優勢，否則這個定位很難成為有利的策略位置。

當然，對於品牌傳播定位，尤其 B2B 高科技企業的定位，很多人都有一個失誤，就是習慣以「某某產業領導者」、「某某產業解決方案專家」來作為品牌定位。殊不知，這樣的定位不僅不易在品牌溝通中與目標客群建立情感共鳴，而且其溝通效率極低。其實這類品牌形象塑造方法，更適合企業定位，並非合適品牌傳播定位。有幾次與 B2B 高科技企業的客戶交流，我說你們定位為「領導者」，你們相信自己是「領導者」嗎？對方說，沒有自信說；那顧客相信你們是「領導者」嗎？對方說，客戶不認為我們是。既然自己也不相信，客戶也不相信，你把這個「領導者」對外宣傳就是無效的，客戶反而覺得可笑，對方無賴地說，策劃公司就是這樣定位的，老闆就是這麼定的，這種定位方法其實是不恰當的。

第二個是，從「感性動機原力」找到定位的共鳴點，創立感性定位。其實，即使你的企業具有領導者的競爭優勢，我也建議你考慮從感性動機原力的情感來定位品牌傳播、勾

畫品牌的靈魂。品牌不是產品和服務本身，而是與顧客溝通，建立情感連線。你在了解現有企業的核心價值時必須了解文化淵源、社會責任、顧客的採購心理因素，更重要的是將感情因素、情緒因素考慮在內。因為，建立在顧客與企業或產品之間的相容情感，往往會具有很強的溝通力與傳播效果。

隨著 B2B 高科技企業發展，有學者提出了「差異化、功能化、附加價值、共鳴」的 4V 行銷理論，這四點也成為很多企業打造品牌重要的參考。對於 B2B 高科技企業品牌，品牌傳播定位的差異化是情感的差異化，品牌口號是品牌有溫度、有態度和有黏度的話語，才能與目標客群形成共鳴，建立顧客能感知得到的品牌聯想。

毋庸置疑，由於 B2B 高科技企業中的大部分管理者總是考慮到其產品的理性因素，在品牌傳播定位中很容易忽視建立品牌過程中情感的作用，殊不知「安全感、社會認同及自尊感」等相關的情感聯想，是 B2B 高科技企業品牌資產的重要來源。也就是說，占據消費者的心智空間才是品牌的方向，透過提高顧客的安全感，從而降低風險，是顧客購買決策的重要影響因素。

當然，為了建立更立體的品牌傳播定位，我們可以將企業定位與品牌傳播定位兩者整合來運用，透過對品牌理性和

感性因素的了解和評估，昇華出品牌的靈魂及獨一無二的定位和核心傳播訊息（超級傳播口號）。畢竟從顧客採購理由來說，多說一些有價值的理由，更有利於品牌塑造與品牌銷售。

2. 關於品牌形象打造

LOGO 與超級符號，鑄就超級品牌視覺形象

據相關研究可知，「品牌形象」是消費者透過處理來自於不同來源的訊息，長時間來所形成的對品牌形象的總體感知。品牌形象是品牌資產主角之一，是 B2B 高科技企業品牌的核心與靈魂，為品牌提供了方向、目標和存在意義。

受著名 B2B 高科技企業（IBM、GE 等）與設計公司的影響，在品牌形象打造上，多數高科技企業都迷戀上了做 LOGO 與 VI 設計。曾幾何時，企業形象系統（英文簡稱為 CIS，包括 VI、MI、BI）在西元 1830 年代風靡於美國商業界，90 年代被亞洲一些企業效仿，引起了企業形象系統熱，直至當下，很多企業管理者仍然以為做品牌無非就是做 LOGO 與 VI 設計。其實，LOGO 與 VI 作為重要的品牌符號，是建構品牌聯想很重要的品牌形象載體，是品牌形象塑造的一部分。VI 形象需要的是有差異化的視覺形象，除了 LOGO，也要有自己的超級符號。

企業品牌 PR 宣傳，掌握品牌形象話語權

其實，除了品牌的視覺形象，還有話語認知形象也非常重要。把品牌比如成一個人，LOGO 與視覺形象是他的顏值形象，而基於價值理念的話語認知則是他的「內在美」形象，人們對一個品牌的內在美形象感知更多的是來自顧客、潛在顧客的口碑以及公眾的輿論，對話語權的心理宣傳是很多 B2B 高科技企業管理者所忽視的。

對於 B2B 高科技企業而言，塑造品牌價值理念的內在美形象，可以運用好 PR 宣傳（公共關係宣傳）發起整合行銷傳播，掌握話語權。根據井之上喬在《公關力》一書的解釋：PR 宣傳分為兩種：即「市場行銷 PR」與「企業品牌 PR」。

市場行銷 PR：廣義定義為「從產品或服務的誕生到消亡過程的所有相關活動」。以支持產品或服務廣告為首，產品展示會、講座、座談會等活動或贊助，或支持客戶發行的出版品等多種形式。以目標顧客或消費者、潛在顧客為對象，透過提高商品品牌與產品形象而擴大銷售額的策略。

企業品牌 PR：以對企業自身的哲學或理念作為訊息傳達，以樹立企業的良好形象，將經營理念、經營計畫、經營策略，還有為環境或社會問題做出回應的類型，傳達訊息、樹立形象的類型。

市場行銷 PR 與企業品牌 PR 屬於各自目的不同的策略，但是獨立的兩者並非沒有關聯。以促銷為目的的產品廣告、產品形象促成活動等市場行銷 PR 的結果，提升產品印象的同時，也會提高企業形象。另一方面，企業品牌 PR 構築的良好企業形象，也關聯到對該公司產品的購買欲望。企業品牌 PR 的內容包括聲譽管理和品牌管理。

1、聲譽管理

企業品格不僅有企業形象和產品形象，還有企業收益、投資者關係、CSR（企業社會責任）與企業的未來可能性等各種相關因素構成的，將這些必要的因素進行綜合地掌握、管理，正是聲譽管理。

企業社會責任一般 CSR 指的是，以經濟、社會、環境三者為基礎，企業積極承擔社會責任，不僅追求企業的利益，還關心地球環境保護、社會全體的永續發展等。

2、品牌管理

品牌管理分為整體和區域性、有形和無形、內在形象與外在形象。根據大衛·艾克對品牌資產的管理，可以從品牌知名度、品牌美譽度、品牌聯想、品牌品質感知和品牌專利專屬五個方面來管理品牌。

有了品牌資產思維，無論你的企業有多複雜，你都可以發揮品牌槓桿作用。無論你的產品、業務多複雜，你都可以

找到企業與目標顧客心智相容的品牌傳播口號，如果你的企業足夠大，你可以用更大氣的傳播口號來與顧客溝通，例如 GE 就用了「夢想啟動未來」的傳播口號。

品牌架構：撬動品牌形象的槓桿

關於品牌形象建立，第一個要搞清楚的就是品牌架構。隨著這些年 B2B 高科技企業整合、併購增加，這幾年接到諮商品牌架構的客戶明顯較多。其實對於品牌而言，品牌架構是最能發揮槓桿作用的，縱覽世界，成功的 B2B 高科技企業其品牌架構以單一品牌架構（企業品牌）為主，例如，GE、西門子、飛利浦等企業，就成功運用單一品牌槓桿撬動整體企業的發展。

有的 B2B 高科技企業透過產業併購，旗下兩家及以上子公司，卻想按照兩個品牌或多個品牌獨立發展，其實這樣操作不便於發揮品牌槓桿作用，會帶來兩個負面結果：

第一，不便於形成統一的品牌形象。品牌形象的重要兩個核心要素是商標（色彩、圖形）與傳播口號，當然也有的還增加輔助圖形，吉祥物此類的。如果你是發展兩個品牌，就代表兩套對外展示的獨立品牌傳播展現，其中，對於品牌塑造而言，LOGO 是最大的超級符號，是最大的購買指令，如果企業是將兩個企業品牌的標誌都同時出現，不管是兩個 LOGO 的展現面積是一樣的；還是一個所占比例大、一個比

例小；這都會引發另外一個問題，你的視覺不聚焦，並不容易被辨別，「少則得，多則惑」，太複雜化的標誌容易造成視覺形象混亂。

第二，缺乏行銷傳播聚焦，導致浪費很多推廣資源。經常，有從業者問我，B2B 公司適合什麼樣的品牌機構，企業是用單一品牌好，還是多品牌好，要問答這個問題，有必要先來討論一下品牌塑造原理。品牌塑造要在顧客心智中建立品牌認知，你的品牌形象塑造是否成功，取決於你的推廣資源多寡，塑造成功的品牌形象需要一定額度的傳播預算。你的品牌多，也表示需要的傳播資源多，在總資源不變的情況下意味著你的資源分散。

由於產品或服務組合的寬度及複雜性，B2B 高科技企業更需要強調公司品牌（如飛利浦、西門子、思科、IBM等），對於公司旗下的新產品，你可以直接以介紹性的產品修飾詞，連線在公司品牌名稱後面，建立母子品牌。

品牌槓桿是品牌最大原力。我們在市場競爭中企業的資源其實是有限的，務必要發揮品牌槓桿的原力，形成合力，減少傳播資源浪費，讓每一次展示都為品牌加分，每一次傳播都是品牌資產的累積。當然，如果你的企業有巨大的資金資源可以用，那你便可以嘗試多品牌策略。可是，需要提醒你的是，對於 B2B 高科技企業品牌，沒有必要為了開展多品

牌而浪費資金，除非你的新業務類型開展了與主業的業務，如 B2C 業務。

無論如何，你應該將公司品牌建立為「可信賴的符號」，即成為消費者從感情上渴望和該品牌結合在一起的名稱或符號，最終成為「最鍾愛的符號」。

3. 關於品牌整合溝通

保持品牌溝通一致

品牌的本質是品牌核心概念認知直指顧客心智，品牌資產的強大在於這個品牌存在於多少顧客心智中。受技術創新的影響，或許你每年都在想如何在品牌內容上創新，殊不知品牌資產需要統一的、一致的、穩定的品牌內容，品牌核心形象一旦確定，就務必保持溝通的一致性。

在訊息爆炸的時代，顧客需要花足夠的時間去認知一個品牌，並對你的品牌訊息做出反應，如果你的品牌與顧客在溝通過程中缺乏一致性，顧客就會感到困惑。

保持品牌溝通一致性的第一個挑戰來自於你企業的內部溝通機制。只有當企業的每一名員工都能對品牌形成一致性的認知，並最終融入到品牌文化之中，成為品牌的保護者和傳播者，品牌才有可能以一致的形象被傳播並最終被顧客所認可。對內的品牌溝通是一種跨越職能、跨越部門、跨越級

別的全面溝通，這種溝通勢必要打破傳統封閉的企業內部溝通模式。

員工是品牌對外溝通的最重要的媒介，所有員工必須要全面了解、並認同企業的價值理念（願景、使命、價值觀）。很多 B2B 高科技企業老闆、高階主管認為公司的使命、願景很虛，沒有必要讓內部員工學習、讓顧客知道。

其實，這些價值理念恰恰展現了你企業的精氣神。對於員工和顧客而言，誰不喜歡一個有夢想的企業呢？

在 B2B 高科技企業品牌溝通的過程中，富有個性的品牌形象傳遞了重要的價值精神，如微軟和甲骨文被視為「開拓進取」的公司。

保持品牌溝通一致性的第二個挑戰來自於對外部品牌溝通策略和品牌接觸點管理。

從系統品牌營運來看，整合的品牌訊息傳播管理至關重要，你企業的品牌不僅表現為一個持續性的時間過程，橫向上也有相應的展開，這就是品牌執行所表現的互動性。無論如何，你的品牌塑造最後落腳點是顧客和市場的認同。所以，你企業的品牌發展與維護需要不斷與顧客互動，不斷與市場互動。在這些互動過程中，你的企業應該掌握好雙向（橫向與豎向）平衡式的訊息傳播管理，以之來確定或修正自己的品牌行為，讓品牌價值真正打動顧客，使品牌與顧客

之間構成對話與溝通。

實現外部一致性溝通的關鍵在於能否真正做到堅持一種聲音對外傳播。顧客對品牌的體驗不僅僅來自媒體，更多的來自顧客與品牌的接觸點上。對於 B2B 高科技企業而言，品牌傳播代表一種承諾，許下諾言也許很容易，而在每時、每刻、任何地方都能履行諾言卻是一件非常不容易做到的事情。你必須把每一個可能出現的顧客接觸點都納入品牌管理的範疇，並對品牌接觸點進行有效的管理。

用好文案宣傳這把利劍

眾所周知，B2B 高科技企業其涉及的顧客、利益相關者會更廣泛，存在諸多因素來影響我們的銷售與推廣，所以整個行銷會變得更為複雜。由於 B2B 高科技企業注重技術研發，在品牌建設方面往往重視技術專利創新，忽視企業的品牌推廣，即使有品牌推廣的預算也非常有限，其實他們忘記了顧客認知到這些專利技術才是最重要的。

當前，B2B 高科技企業主要依靠展會行銷、事件行銷、會議行銷、模範案例行銷為主要品牌傳播方式。品牌形象廣告、公關文稿、產品展示成為品牌傳播的重要手段。對於目標受眾比較窄的 B2B 高科技企業而言，從投資報酬率來看（回報率低），大眾廣告（廣而告之的方式）在行銷傳播中並不太適合。當然，由於產業刊物或者採購類專業期刊針對

專門的目標顧客，在這些刊物上登載廣告，具有很好的傳播優勢。

與廣告相比，文稿宣傳因媒體人、記者、產業專家等第三方為企業說話，它的公信力遠遠高於廣告，同時還具有資金成本低的優點，尤其在自媒體時代，這種宣傳方式更快、更便捷，也因此，文案宣傳是 B2B 高科技企業以及上市公司最為常見的宣傳手段。

文案是一種低成本高效益的訊息溝通方式，無論你用以建立品牌偏好，還是育人施教，即使在媒體碎片化、粉末化富有挑戰性的媒體環境中，出色的文案仍然是幫你開啟品牌知名度、推動商品銷售的主要方式。

那麼，如果你是 B2B 高科技企業的宣傳負責人（或者市場部、品牌部、公關部），可以從以下幾點開展工作：

首先，你要規劃好年度行銷活動。你要規劃出全年的推廣重點，如果你是醫療器械企業，就要把國外大型醫療器械展、醫療政策頒布時點以及學術交流會等活動作為年度傳播節點，並合理的將需求轉化為傳播方法、方案供各相關部門或子公司實施，並進行監督和評估。

其次，建立好傳播內容的話語體系。活動只是傳播支點，你還要利用文案宣傳，將公司的新技術、新產品、新包裝等方面的訊息傳播出去。此外，你要注意輸出品牌的核心

內容，例如企業品牌名、產品名，還有企業的使命、願景、價值觀、傳播口號、服務等方面價值理念，構成一套有腔調、有態度的話語體系。制定好話語體系，你可以讓內部撰稿，也可以讓資深媒體人來創作稿件，並作好媒體分發。

再次，你的文案還需要有大量的關注度。為了讓文案方便於更多目標客戶（顧客、未來的顧客、或者上市公司）關注，成為熱議話題。你還需要運用文化原力特點，將內容的關鍵詞與時事話題結合，梳理出更多大家關注度很高的「詞語」或「詞彙」來傳播（可以透過搜尋引擎搜尋關鍵字）。例如，如果你是科技業可以把「人工智慧、AI、ChatGPT」等核心詞彙這些字植入到文案中，也可以透過造詞，將舊詞賦予新意義，都可以造成非常好的傳播效果。

為了確保顧客能感知到品牌的差異性，給顧客留下美好的印象，你就要對其建立價值感知聯想。建構高價值感知是最為有效的，例如某科技公司透過國際權威評測機構註冊專利，搶占產業標準，獲得高價值的 IP，透過獲得「最佳解決方案技術領導獎」、「創新方案獎」、「優秀案例獎」等建立了高價值感知。

最後，你要運用好媒介組合，釋放整合傳播力量。

拋開其他因素，品牌行銷傳播是「內容＋媒體」共同作用的結果，在碎片化的新媒體時代，人人都是自媒體，人人

都是媒體人。你順勢而為，可以運用「傳統媒體＋新媒體」組合優勢，隨著媒體的多元化、豐富化、自媒體化，媒體的公信力變得越來越重要，你應該充分利用傳統媒體（或者權威媒體）的公信力，同時結合新媒體（主流媒體）、自媒體（YT、各類 APP）的快捷性與高覆蓋性的特點，構築契合新時代傳播的新組合、新矩陣，才能形成有影響力、行銷力的傳播攻勢。

品牌的資產在於累積，其原理是利用條件反射刺激的原力——重複、重複、再重複。訊息就是媒體，就是傳播。為了讓每次傳播都形成品牌資產累積，每次傳播最好都要聚焦到話語體系上，讓每次傳播為品牌資產加分。點滴累積，周而復始，依此循環，你的品牌影響力將越來愈大，成為像 GE、Google 那樣的超級品牌。

4. 關於品牌策略思維

第一，管理者自身要建立品牌策略思維

誠然，B2B 高科技企業成功離不開公司領袖，品牌策略需要考慮企業家（或為管理者）的特徵因素，並據此進行調整。與其他產業相比，多數全球一流的技術公司都擁有具有遠見的企業家。這些知名高科技企業遐邇聞名的企業家，每一個企業中，企業家的身分和角色不可避免的會與品牌相

結合。

　　企業家一定要有夢想，而品牌就代表企業家的這個夢想。作為企業家，你一定要相信品牌所創造的價值，實現自己的夢想。你必須要建立品牌策略思維，否則你不可能打造出一個強而有力的品牌。

　　在高科技製造產業的微笑曲線中，「研發設計」與「品牌塑造」是企業要掌握的高價值兩端。除了研發設計的技術創新，如何進行品牌塑造也是重中之重。顯然，高科技企業除了專注技術研發，更需要連續、持久的品牌塑造行動，而連續性、永續性正是很多高科技企業品牌所缺乏的。

　　你不能再用戰術的勤勞取代策略的懶惰。從前你只需要戰術加執行力，奉行「皇天不負苦心人」的價值觀，認為只要吃得了苦，天下就沒有難做的生意，尤其是一些做代加工的生產企業，正所謂機器一響，黃金萬兩，根本不需要什麼策略思維。在新經濟、新商業的競爭環境，企業的競爭已經今非昔比，企業要走持續發展之路，就要接收新思想、新觀念，與時俱進，必須建立品牌策略思維，布局未來，謀定而動。

　　品牌屬於顧客，而不屬於策劃師、不屬於生產者。一個不可否認的現象是，在許多高科技公司，公司的管理者都是在工程部門的人逐漸提拔上去的。儘管策劃師非常熟悉產品

和技術知識，當他們可能缺乏宏觀的品牌概念。與其他類型的公司相比，技術型公司在顧客研究方面的花費通常較少，由於這些原因，技術型公司通常不會在建立強勢品牌方面進行投資。

作為企業管理者，你要知道顧客在哪裡，並建立合適的品牌策略。許多公司常常忽視，當企業顧客購買高科技產品，除了知名度和美譽度，還需致力於與顧客建立長期的關係。你還要從策略高度考慮和制定品牌策略，具有全域性觀念重視及整合跨部門力量支持品牌所承諾的顧客價值，並確保你的品牌價值正是市場和目標顧客所期望和追求的。

第二，品牌策略要與企業策略相吻合

發展是企業的最高原則，企業的一切行為最終都是為企業的發展服務的。企業策略問題就是回答企業未來的如何發展的問題。一般來講，企業策略體系應該包括企業使命和願景，策略目標，業務組合，以及各種職能策略，如人力資源策略、研發策略、市場行銷策略、品牌策略等。品牌策略是企業策略的一個重要組成部分，是為企業最終更好地實現總體策略服務的。英特爾運用「綁標策略」迅速成為晶片產業的領導者。

由於技術是 B2B 高科技企業（當然實際上很多科技公司也是）的立企之本，企業管理者會經常做出錯誤的假設，認

為技術最棒的產品一定賣得最好。其實，如何將產品轉化為可被市場認知的品牌，擁有為未來提供地圖的品牌策略至關重要，你的公司不能像索尼、富豪那樣，因過度重視技術，而忽視品牌塑造而失勢。

品牌是一個動態發展的系統過程，品牌管理就是要你在這個動態中掌握好每一個環節。關於品牌管理的具體性計畫與實施，Kevin Keller 在其所著的《策略品牌管理》（*Strategic Brand Management: Building, Measuring, and Managing Brand Equity*）仲介紹了關於品牌管理過程的 4 個主要階段：

1. 品牌定位與品牌價值的明確化與確立，從品牌的意義以及對於競爭品牌的定位開始，企業要設計能夠向消費者或目標顧客群提供培育品牌優越性的形象。

2. 品牌行銷專案的計畫與實行，為構築對消費者而言印象深刻、深得人心、獨特的品牌意象。

3. 品牌表現的評估與分析，包括兩個方面：對品牌行銷專案的費用與效果進行市場調查，並將結果進行分析；品牌品質管制系統。

4. 品牌價值的增大與持續，結合發展眼光看待市場行銷環境的外部變化，從企業的市場行銷專案洞悉內部變化，採取措施，進行對應。

從品牌管理的視角來看，實施以上四個階段時，重要的

是：既然是以提高品牌價值為目標，那麼就必須構築該目標所必需的品牌傳播策略。

所以，今天 B2B 高科技企業的品牌管理者，所需要解決的不單純是一個 LOGO、一套 VI、CI 體系或形象廣告，他們面對的可能是對一個品牌從診斷、到價值挖掘的梳理與整合，釐清品牌傳播定位，搞清楚當今品牌所處的發展階段，並應知道採納何種手段，當然這是一個策略與戰術技巧思維與企劃的過程。

許多管理者（特別是民營企業）儘管說要做品牌，但他們經常孤立而靜止地看待品牌運作，只把品牌當作其追求的目標，而沒有認知到品牌還需要對許多經營管理過程的認真掌握與精心維護，沒有將品牌看作企業增長的有力武器、沒有將品牌列入企業發展的策略部署，透過發揮品牌槓桿效應，形成品牌競爭力。

超級品牌就要喚醒品牌的原力，在 B2B 高科技企業的市場行銷過程中，不僅考慮產品的功能，還要喚醒顧客原力，與顧客建立情感精神共鳴，才能成為顧客趨之若鶩的品牌。

TIPS：

1. 品牌傳播定位，要從動機原力找到與顧客的共鳴點
2. 品牌形象包括視覺形象和話語認知形象，話語認知就是要掌握話語權

3. 品牌整合溝通保持一致，同時用好文案宣傳這把利劍

4. 管理者自身要建立品牌策略思維，掌握的微笑曲線的兩端

5. 品牌策略要與企業策略相吻合，並作好品牌管理

　　「企業家或企業家精神的本質就是有目的、有組織的系統創新，而創新就是要改變資源的產出；就是透過改變產品和服務，為客戶提供價值的滿意度。」

—— 彼得·杜拉克（Peter Drucker）

　　這段話的告訴我們企業家精神的本質是創新。創新是道，行銷是術，最好的行銷是讓競爭者無法競爭，這就需要創新，創新有著四兩撥千斤的作用。「發現市場機會比學習市場行銷更重要」，在競爭激烈的新經濟時期，發現市場機會最有效的方法便是創新，而企業最大創新是成為知識型公司，解決社會的某些問題。同時，企業家要有生存思維和全域性策略思維，布局企業策略，精耕細作，才能贏在未來。

企業創新

1. 企業創新：中小企業何去何從

創新，決勝企業未來

企業今天所面對的競爭，並非來自企業的「外部」競爭，而是來自企業內部的「非創新」競爭。守成不僅有更大的風險，更會斷送企業的前途，拒絕創新等於自取滅亡，創新是守成者的掘墓人。正如 Nokia 前任 CEO 約瑪・奧利拉（Jorma Ollila）所言：「我們並沒有做錯什麼，但不知為什麼，我們輸了。」

創新成為時下企業家、管理者、投資人常談的話題，在新的歷史條件下，創新是企業賴以生存和保持持續發展的根本，也是企業形成市場核心競爭力的保障。

創新，是一個開放的詞彙，貫穿於社會活動、經濟活動的各個方面，思維創新、理念創新、模式創新、企業創新等等，立足點都在於推動發展。對於企業創新而言，創新是企業決勝未來的靈魂。只有創新，你才具有競爭力，只有創新，你的企業才有利潤。

現代管理學之父彼得·杜拉克說過,「組織的目的是為了創造和滿足顧客,企業的基本功能是行銷和創新。」因此創新可以理解為企業的基本功能。

創新,歷史的選擇

企業創新在不同國情、不同的發展階段有著不一樣的表現,創新是歷史的選擇。從企業發展來看,早期,西方的工業革命推動了企業創新,尤其是企業管理創新,無論是泰勒(Frederick Taylor)差別計件制的科學管理,還是福特生產線的發明,亦或是彼得·杜拉克對現代管理學的貢獻,都展現了西方管理的創新與發展。

歷史選擇泰勒解決企業的點效率,福特解決企業的線效率,彼得·杜拉克解決企業的面效率,這不僅是市場協調的力量 —— 無形之手(即亞當·斯密(Adam Smith)所述的),更多的是創新的推動。隨著日積月累,西方國家不僅成就了大量的世界五百強企業,甚至在企業進化史中仍然有不少百年企業,企業透過市場反映,進行創新、改變或許是成功關鍵點,儘管策略管理家錢德勒(Alfred Chandler Jr.)堅持推崇那隻看得見的手 —— 政府協調,依然沒有改變市場的力量。

創新,讓強者更強

英國管理學家舒馬赫(Earnest Schumacher)曾說過「企

業的生存機會存在於未來變化之中，未來並不存在現實之中」，所以，事物在變化之前並不變化。對於企業而言，未來的不確定性是一個永恆的話題。

企業創新不能沒有目標和方向，借用西蒙（Herbert Simon）所說的至理名言：「選擇不重要，而基於價值選擇才最重要。」那麼創新的重要性在於價值的選擇，然而如何界定企業的價值選擇是企業創新首要思考的問題。

當我們把企業放在創業價值鏈中——產業鏈與消費鏈，那麼企業在生產領域、流通領域、消費領域如何創新將關係到企業的發展，對於大型企業而言，可以透過資本的力量或者核心技術，整合生產領域，控制流通領域，占據產業鏈的核心競爭力，正如麥可波特五力分析所述，對供應商的整合有利於做強做大。當企業跨越創新，強者越強，大者恆大的馬太效應（Matthew Effect），推動大企業的兼併和收購。

創新，中小企業何去何從？

在全球化市場的「競爭大未來」的賽馬場，大型企業依託創新優勢更容易建構企業核心競爭力，馳騁沙場。

可是對於中小企業而言，他們考慮更多的是企業的生存問題，生存或者活下來也是中小企業創新的動力。根資料報導，中小企業平均三年左右的壽命，很多中小企業根本顧不及五年、十年甚至更遠的策略規劃。創新，如今成為大家耳

熟能詳的詞彙，然而，對於缺乏資金、資源、技術等客觀問題的中小企業，該如何創新？怎樣創新才能成為「競爭大未來」的黑馬，脫穎而出？

回到前面談到的產業價值鏈話題，我們把企業的創新關鍵點歸結為兩個一體化 —— 依託掌握核心技術扎根、依靠終端使用者扎根。那麼，當放開有形之手（政府監管），發展的天秤傾向市場，或許對於不能向技術扎根的中小企業，消費領域為中小企業提供了施展的平台，終端使用者服務、體驗可以成為他們的創新之地？

著名管理學大師熊彼得（Joseph Schumpeter）定義了五種創新，我們可以從這五個方面來獲得創新啟示：

1. 採用一種新產品 —— 也就是顧客還不知道的產品、或者一種產品的新特性。
2. 採用一種新的生產方法。
3. 開闢一個新的市場，也就是在某些領域還沒有競爭者進入的市場，這個市場以前可能存在，也可能不存在。
4. 獲得原料或半成品的一種新的供應來源，無論這種供應來源是已經存在，還是第一次創造出來的。
5. 實現一種工業的新組織，比如造成一種壟斷地位，或打破一種壟斷地位。

熊彼得所定義的創新是在商業發展不充分的背景提出

的，必然有所限。在新商業經濟時期，創新的邊界更為寬廣，知識成為主導創新的生產力，不管什麼產業，一定要把公司變成一家技術公司，數字公司，其實是知識公司，企業存在就是解決某些社會問題，而為了更好地解決問題，就要求企業具有生產知識的能力，只有變成知識顧問型公司成為該領域專家的時候，才能真正驅動公司發展，基業長青。

創新挑戰守成，企業在與競爭者角逐中，創新者贏，創新者勝。舊思考永遠到不了新的點，創新就是企業生命力和生產力。企業創新離不開企業家的創新、管理者的創新、甚至員工的創新，不管是方式方法的創新，還是思維模式的創新，其核心是人的創新。

創新是建立一種新的組合，新組合意味著對舊組合透過競爭而加以消滅，我們把這種新組合的實踐稱之為企業。我們不必感嘆經濟有多難，堅信只有持續創新，才會過得好。

2 企業家要具有圍棋思維

做企業、下圍棋雖事理不同，但兩者攻城掠地的圈地原理與道理相通。圍棋是圈占位置，占得面積越多，你就贏得越多；品牌是圈占市場，占有的顧客越多，你的市場就越大。

圍棋給我們第一個啟示是：企業家要有生存思維。

　　做企業就是在下圍棋，要先學會活下來，再考慮發展。

　　圍棋的勝負由雙方所占棋盤數目而定的，而如何判斷哪一塊地盤是你的，則要看你的棋是否是「活棋」。圍棋是怎麼定義活棋呢？就是同一片相連的棋子至少要有兩個眼，才可成活。也就是說，你要贏得更多，先要學會「做活」你的棋。

　　做企業原理也相通，無論你的企業是大還是小，先別管競爭者如何，你首先要透過兩個氣眼 —— 創新和行銷來「做活」自己，先存活下來才有機會。

　　關於企業創新前面有介紹（熊彼得定義的五種創新），這個根據地是什麼？根據地就是你要有自己的地盤（市場的原點區域），例如你在某某縣市的市場占有率是 40% 以上，這個是別的競爭對手很難打入的，這裡就是你的根據地。在市場的爭奪中，像圍棋之爭，誰比對方多一口氣，誰就能贏得勝利。

　　圍棋給我們第二個啟示：企業家要有全域性策略思維。

　　古人云：「不謀萬世者，不足謀一時；不謀全域性者，不足謀一域」。如果你是圍棋高手，你應該知道懂得「做活」還遠遠不夠，還需會從整個市場大局（棋盤）來觀察棋形，判斷出你能贏的局勢。

　　圍棋的布局有一句最著名的口訣是：金角銀邊草肚皮。

下圍棋要先下角，就是因為這個地方背靠犄角的兩個勢力，是最容易得勢、最好做活的。其次是往邊上走，邊的地方也存在一個無形的勢力，也容易做活。此外，你把角與邊的位置站住了，這個地方就是你的了，最後形成包圍圈，角與邊就成了新棋局的勢力，逐步往棋盤的肚子中間走。

我們可以把金角看著根據地，要用核心產品快速占領這個地方，建立競爭壁壘。銀邊是透過核心產品建立起來的產品組合，建立護城河，與金角形成呼應，產品線形成有效的包圍之勢，就可以進攻中間的草皮，透過全區域覆蓋收割更多的消費者。

在企業經營裡面，有一條很重要的定律：結構效率大於營運效率。企業經營好不好，就看你企業的結構怎麼樣，規劃好產品結構，就是為企業制定品牌行銷的策略路線圖。

第一個層次是，要確定產品在哪個領域競爭，開展哪些核心業務；

第二個層級是，設定拳頭產品，拳頭產品所要完成的策略角色和承擔的策略任務；

第三個層級是，有序地推出產品，先做什麼，再做什麼，哪些是利潤產品，哪些是形象產品。每個企業的產品都是為了解決問題，透過產品組合覆蓋市場，解決更多的問題，就可成為產業的權威專家。

此外，企業還需要擬定行銷傳播策略，將行銷策略逐步落實。

1. 建立購買理由，理由要直達消費者內心需求；
2. 創意購買指令，要與消費者情感共鳴；
3. 策劃購買刺激，讓消費者看了就買，就行動。

「多算勝，少算不勝。」作為企業家，你要深諳圍棋思維 —— 生存思維和全域性策略思維，並將其應用於企業實踐，才能在競爭中先勝而後戰，贏在未來。

3. 企業策略：品類「數一數二」的定位策略

行銷是建立消費者對品牌的認知，消費者的認知是從分類開始的。所謂「物以類聚、人以群分」，人類認知社會的歷程就是分類的過程，消費者在選購品牌時他們潛意識裡是對產品的分類、辨別和選擇。

購物是選擇的行為，安全是最低層級的需求，消費者為了規避風險（前面有介紹功能性風險、社會認同風險、自我實現風險等），心態上是非常渴求安全的。尤其是對於一些缺乏自信的消費者更是如此。

那麼什麼才是安全的？消費者認為市場上有口皆碑，數一數二的品牌都是大品牌，代表很多人認可、就是安全的。

基於品類價值，從安全需求原力，是塑造「第一」認

知。每個人內心裡都有尊崇第一、嚮往第一，對第一頂禮膜拜的情結：粉絲仰望明星，因為明星高高在上，你願意追捧他；登山愛好者對聖母峰的仰望！以登上世界最高峰為榮；富人們對勞斯萊斯的仰望；消費者對奧運、世界盃、錦標賽等體育冠軍的仰望。

品牌競爭又何嘗不是？如果你或你的品牌不是第一，就會隨時能夠被別的商品複製或取代。也就是說，你的品牌購買理由占據愈高點愈有力量，競爭者就很難奪取你的領導地位，而你的品牌將會享受不可想像的優先選擇待遇。

因此亮出品牌「第一」的身分，快速搶占品類第一的位置，是首要策略。

品類創新者天生具有成為「第一者」的認知，「第一者」將給你的品牌的後續發展帶來強大的力量和資源。如屈特所言，有兩個原因有助於第一品牌進入心智。第一個原因是消費者心智認為，領導品牌一定比其他品牌好，最好的產品或服務能贏得市場，這是公理。企業的邏輯是「好產品自然好賣」，但是，消費者的邏輯是「好賣的自然是好產品」。第二個原因是消費者心智認為，第一品牌意味著正宗，其他所有品牌都是原創的模仿品。

「第一者」擁有市場優勢，在市場運作方面，第一者也占盡優勢。隨著現代通路的普及以及終端競爭的加劇，通路

成本和終端銷售成本已經占據了企業行銷費用的相當比重，貨架位置的競爭迫使後來的品牌必須付出更加高昂的成本和代價。領先品牌進入通路的成本和障礙就比跟進和模仿產品低，儘管「第一者」有自賣自誇的嫌疑，可仍然受到通路商或者經銷商的歡迎。

如果「第一」已被別的品牌搶占了，怎麼辦？

不妨運用屈特先生所說的：「如果沒有機會開創新品類，成為第一，首要爭取的是遠離第一。」即為競爭對手而定位，與占據第一位置的競爭對手劃清界限，建立與其相對的品類價值購買理由定位塑造「第一」。這個在屈特先生定位一書裡有詳解，在此不多講。

如果品牌的「第一」與對立面的「第一」定位都被搶占了，怎麼辦？

前面說過，喬治·米勒的「貨架格子」有七個，哪怕是行動網路時代，你的品牌至少也有三個格子可以值得占有，第二、第三也是受人們尊敬的，因為在人們的潛意識裡冠軍、亞軍、季軍，也是很優秀的，只要發揮的好，亞軍、季軍也能隨時逆襲。如果你的品牌目標是「第一」，暫時沒有搶占「第一」的購買理由定位，先占有「老二、老三」，做個老二或老三也不錯，「高築牆、廣積糧、緩稱王」也是不錯的競爭策略，等有機會了你也可以超越老大。

在品類同質化競爭時代，你不得不面對一些情況是，產品的品類價值「第一」早已被占據，老二、老三策略也不宜形成具有競爭定位，比如對於一些快速消費品、食品等等，從品類價值你找不到有利的購買理由定位，可以說品類定位此時不靈了。

在此，我要說的是，受定位理論的影響，很多策劃人經常遵照「品類定位」行事，陷於品類困境，說這個品牌要品類定位，哪個品牌也要品類定位，現在市場上到處都是品類第一、品類領導者等等，殊不知這其實是陷於品類定位的失誤。如果你是新開創的品類，倒是可以說，因為「新品類」本來就是最大的差異點，可是，如果你這個品類是既有的品類，忽視品類之外的差異點，就並非是真正的購買理由，何況之前別的品類已經眾所周知了，你再說你是品類第一就是笑話，因為建立差異點需要清晰地展示其優勢方面。

當然，「數一數二」的定位策略上升到企業經營層面的策略高度，以這個策略對企業做減法，凡是不是數一數二的核心業務都去掉，對企業建構核心競爭力是很有幫助的，例如傑克‧威爾許（Jack Welch）透過「數一數二」策略為 GE 的發展立下了汗馬功勞。

TIPS：

1. 中小企業可借鑑熊彼得的五種創新，最大的創新是成為知識公司。

2. 企業家要有圍棋思維 —— 生存思維和全域性策略思維。

3. 企業「數一數二」的定位策略上升到企業經營的策略高度。

4. 每個成功的個人、每個成功的公司都有自己的事業理論。

附錄

談談事業理論

理論是實踐的總結，是經驗的結晶，是指導行事的有效方法。每個成功的個人、每個成功的公司都有自己的事業理論。

什麼是事業理論？企業生存的根本，是能為社會承擔某一方面的責任，解決某一方面的問題，就要有一種理論，這個理論是從經驗中得來的，是你對自己的事業有獨特的認知，有獨特的角度和系統的理論。這就是事業理論。

我也有自己的事業理論：

用專心、專注成就專業，一生只做一件事

從人類長河來看，每個人的生命是短暫的，每個人的精力是有限的，要在有限的生命裡做出成績，唯有聚焦到一個領域，做深做透，才能有所獲、有所得、有所成就。畢竟像達文西、牛頓那樣多才多能的奇人是極少數，我是個凡人，就做凡人的事吧。

我乃凡人，用專心、專注成就專業，成為品牌行銷領域的行家。

怎樣成為該領域的行家呢？有一個一萬小時定律──我們在每個專業領域堅持 2 萬小時的學習與研究，就能成為某

方面的行家。

　　我想說的是，要成為某個專業領域的行家，一萬小時的學習是不夠的（當然在某些領域有些天才例外），比如品牌行銷行家，由於所涉及的知識面較廣，包括心理學、經濟學、廣告學、傳播學等學科，為了達到更精通的專業水準，需要二萬小時、三萬小時，甚至更多的小時數。同時，品牌行銷是一門實踐為主的學科，我們不能只是閱讀書本知識，或研究一些成功案例，可謂：「紙上得來終覺淺，絕知此事要躬行」，我們還要走向市場，積極將所學的方法帶入到品牌行銷的實踐活動中，不斷在實踐中獲取經驗，這樣才能達到至高的境界。

　　專注，是脫離現實世界的妙門，是抵達超體驗的唯一路徑。專注了，才會把力量收緊，形成穿破障礙的勢能，才不至於魂飛魄散。畢其功於一役，背水一戰，守住能力範圍，心無旁鶩，無一不是在各個時空裡對專注的解讀。

　　我乃凡人，一生只做一件事，把一件事情做好、做精、做到極致。

　　在日本羽田機場，有一位清潔工叫新津春子，她把清潔變成了技術。二十三年將清掃做到極致，而且這一做就是三十年，如在產業今成為赫赫有名的人物，這就是一種工匠精神。

常言「冰凍三尺，非一日之寒」。相信只要我們專注一件事，堅持十年、數十年甚至一生，即便是平凡的工作也可以做得非凡。

日積月累、滴水石穿。我就要把品牌行銷這個平凡的事情，用一生的時間去做，堅信總有一天，可以把這件事情做到極致，做到一個高度，為更多的企業服務。

用全域性的思維思考，用系統的方法做事

品牌行銷策略是企業策略的重要部分，是為企業策略服務的。

需要具有全域性策略思考意識，例如產品結構、核心業務、品牌定位、行銷傳播、廣告創意、包裝設計、推廣策略等等，這些要素是策略要素不可分割開來的。為了做好這件事情，還要把這些看成一件事，用系統的方法來做，不能分散來做、也不能分開不同的人來做。

關於效率，商業界早有定論 —— 系統效率大於獨立效率之和。你的企業策略好不好，能不能落實就要看你是否發揮了系統效率。

實踐中，我們會發現客戶會找甲公司做品牌定位，找乙公司做包裝設計，再找丙公司做廣告創意，還找丁公司做行銷傳播……其實這種將系統行銷的結構分割成為各個細小零件，不僅不能發揮「一加一大於二」的功效，而且增加了大

量的時間成本、溝通成本，每一家合作的公司都要重新理解品牌，每一家公司都為了創意而創意，這就是沒用站在一個全域性的高度來思考。

所謂謀局成勢，高屋建瓴，品牌行銷策略是搶占或爭奪消費者的方略，每一次我們都要將這個策略當作企業的頂層設計，每一次都站在全域性策略思考，並用系統的方法做事情。

用超級原力創意成就超級品牌

我們所處的產業屬於燒腦的智力產業，在品牌行銷服務（很多公司都有這個業務）同質化競爭時代，創意是活化品牌行銷策略的勢能，也是永遠不可或缺的驅動力。

原力創意是基於人類大腦的潛意識認知，站在巨人的肩上（諸多大師的理論原理之上）而研究出來的品牌創意新方法，其目的是為了用創意思維、創新方法應對行銷策略的同質化，用創意做出差異化、用創意將策略真正地落實，為企業的整體行銷策略服務。

所謂超級原力創意，就是要喚醒兩大重要的品牌原力——產品原力和消費者原力。透過喚醒產品原力（三個價值：品類價值、品種價值、品性價值）與消費者需求原力融合建立超級購買理由；喚醒消費者文化原力創意超級購買指令；喚醒消費者的條件反射原力製造超級購買刺激。

「購買理由、購買指令、購買刺激」是原力創意的三隻箭，其目的是為了讓消費者行動，當消費者看到創意指令，在行為上啟動自動播放按鈕，情不自禁地做出購買行動。

了解了原力創意，面對再激烈行銷的競爭，我們也會胸有成竹。我要做的就是喚醒這個品牌原力，用超級原力創意成就超級品牌。

寧可被低估，也不可被高估

在弱肉強食的競爭時代，以虛懷若谷的謙遜姿態面對客戶，何嘗不是一種精神？

我在與客戶合作中，深深銘記「寧可被低估，不可被高估」這句話。無論是在初期溝通，還是建立後續合作，始終保持不誇誇其談，不肆意鼓吹的謙遜態度。

「寧可被低估，不可被高估」是生存哲學。

被客戶低估了，要麼合作不成，雙方沒有損失，合作不成情意在，說不定雙方今後重新認知，未來還有合作的可能。如果合作成功，客戶低估了我們，也是好事，我們後期合作會做的很順，每一次交給客戶的專案成果，都可以為客戶帶來驚喜、超越客戶的期待，客戶覺得花的錢很值得，對我們的服務滿意度自然也就很高，也就更加信任我們。

「寧可被低估，不可被高估」是合作智慧。

如果因為我們的自吹自播，被客戶高估了，即便合作了

以後也會帶來很多麻煩，因客戶對你期望過高，這個期待一旦超越了你的能力範圍，每次你對客戶的專案成果彙報，客戶都會覺得不夠、不滿意，你每提報一次，客戶就不滿意一次，久而久之客戶就會對你失去信心與信賴，所以要想合作長久，你的專業水準就不要被高估。

由於堅持這個準則，與我合作的客戶滿意度都很高，這些年也累積很多老顧客。凡事都有利弊，也因為這個準則，讓很多客戶在初期洽談沒有看到足夠的信心，而未達成合作，這個也無憾。所謂，弱水三千，只取一瓢飲。

未來，我仍然懷揣「寧可被低估，不可被高估」的價值理念，用心服務有緣的客戶、有抱負的客戶、有夢想的客戶，助力客戶成功。

人生理當「三度修練」

對於「三度修練」，一位企業家這樣解釋：「態度決定命運，氣度決定格局，底蘊的厚度決定事業的高度。」人之態度，氣度，厚度，猶如蓮之根本。

人生就像是睡蓮，成功是淺淺地浮在水面上那朵看得見的花，而決定其美麗綻放的，是水面下那些看不見的根和本。蓮花初綻，動人心魄，觀者如云，豈知絢爛芳華的背後，是長久的寂寞等待和生根固本，君子務本。

透過表象看本質，花是成功表象，根和本才是成功本

質。我們不僅要看到成功之花，更要看到那些看不見的根和本，根和本才能吸收養分，根要扎的深、扎的穩，才能為成功之花提供養分，否則就是曇花一現。

我很喜歡這句話：「專業深度決定未來高度。」這句話是香港大學中國商學院的理念，我在該校讀研究生時就被這句話所打動。這句話與「三度修練」思想一脈相承，專業深度其實講的就是底蘊的厚度，就是要扎根，你扎的越深，根系越多，吸收的養分就越多，你未來的事業、未來的成就自然就越高。

態度決定命運，態度是性格的直觀展現，人們常說性格決定命運，其實更深一層來說是態度。

氣度決定格局，所謂「宰相肚裡能撐船」就說明宰相的度量大、格局大。心中無敵，才能無敵於天下。三度修練，日積月累，功到自然成，功不到，自然不成，為此，窮其一生也值得。

附錄

參考書目

[01] 消費者心理學／羅子明著，2017

[02] 蔚藍詭計／ [美] 路易斯・皮茨著，何輝譯，2010

[03] 策略品牌管理／凱文・萊恩・凱勒著，吳水龍、何雲譯，2014.9

[04] 超級符號就是超級創意：席捲中國市場 14 年的華與華策略行銷創意方法 / 華杉、華楠著，2016

[05] 科學的廣告 & 我的廣告生涯 /[美] 霍普金斯著，邱凱生譯，2016.9

[06] 初識傳播學／ [美] 格里芬著，展江譯，2016.6

[07] 智慧底牌／路長全著，2011.2

[08] 皮爾斯與傳播符號學／趙星植著，2017.5

[09] 中國傳統文化十五講／龔鵬程著，2006.9

[10] 創新與企業家精神／ [美] 彼得・杜拉克著，蔡文燕譯，2009.9

[11] 視覺符號：視覺藝術中的符號學導論／ [英] 大衛・克羅著，宮萬琳譯，2017.9

[12] 影響力／ [美] 羅伯特・B・西奧迪尼著，閻佳譯，2016.8

參考書目

[13] 廣告與促銷：整合行銷傳播視角／［美］貝爾奇等著，鄭蘇暉等譯，2014.4

[14] 行銷論語／李傳屏著，2006.6

[15] 廣告策劃／黃升民、段晶晶著，2006.4

[16] 消費者行為學：洞察中國消費者／盧泰宏、周懿瑾著，2018.5

[17] 摸著石頭過河之品牌行銷十大關鍵詞／楊石頭著，2016.7

[18] 你的品牌需要一個講故事的人／［美］理查·克萊沃寧著，陶尚藝譯，2018.4

[19] 定位：爭奪使用者心智的戰爭／［美］艾爾·賴茲、傑克·屈特著，鄧德隆、火華強譯，2017.9

[20] 潛意識／［美］奧里森·斯威特·馬登著，肖文鍵、馬劍濤譯，2012.7

[21] 蜥蜴腦法則／［美］吉姆·柯明斯著，劉海靜譯，2016.11

[22] 榮格說潛意識與生存/［瑞士］榮格著，高適譯，2012.9

[23] 圖形創意／林家陽著，1999.12

[24] 衝突／葉茂中著，2017.7

[25] 潛意識心理學／相先生主講課程

[26] 品牌行銷策劃 3 字經／黃芩、吳曦、操衛珍著，2016.8

[27] 怪誕心理學 - 揭祕日常生活中的古怪之處／[英]理查·懷斯曼著，路本福譯，2018.3

[28] 改變心理學的 40 項研究／[美]霍克著，白學軍等譯，2010.08

[29] 文化策略／[美]道格拉斯·霍爾特、道格拉斯·卡麥隆著，汪凱譯，2013.8

[30] 公關力：從避免崩潰到有效傳播的策略要素／[日]井之上喬著，路一、王冕玉、徐靜波譯，2010.5

[31] 符號學歷險／[法]羅蘭·巴爾特著，李幼蒸譯，2008

[32] 戰爭論／克勞維茨著，王小軍譯，2012

[33] 經濟發展論／熊彼得著，何謂、易家譯，1990

電子書購買

爽讀 APP

國家圖書館出版品預行編目資料

突破行銷策略的同質化，從策略管理到創新實踐，引領市場潮流：共鳴策略，透過意象觸動，引導消費者情感，建立品牌忠誠度 / 劉述文 著. -- 第一版 . -- 臺北市：財經錢線文化事業有限公司，2024.04
面；　公分
POD 版
ISBN 978-957-680-838-8(平裝)
1.CST: 品牌行銷 2.CST: 行銷策略 3.CST: 策略管理
496　　　113003509

突破行銷策略的同質化，從策略管理到創新實踐，引領市場潮流：共鳴策略，透過意象觸動，引導消費者情感，建立品牌忠誠度

臉書

作　　者：劉述文
發 行 人：黃振庭
出 版 者：財經錢線文化事業有限公司
發 行 者：財經錢線文化事業有限公司
E - m a i l：sonbookservice@gmail.com
粉 絲 頁：https://www.facebook.com/sonbookss/
網　　址：https://sonbook.net/
地　　址：台北市中正區重慶南路一段六十一號八樓 815 室
Rm. 815, 8F., No.61, Sec. 1, Chongqing S. Rd., Zhongzheng Dist., Taipei City 100, Taiwan
電　　話：(02) 2370-3310　　傳　　真：(02) 2388-1990
印　　刷：京峯數位服務有限公司
律師顧問：廣華律師事務所 張珮琦律師

定　　價：375 元
發行日期： 2024 年 04 月第一版
◎本書以 POD 印製